JN140144

シリーズ
食を学ぶ

食の経済・ビジネス入門

谷垣和則　著

昭和堂

はじめに

食は、経済社会の一定割合を占めるだけでなく、生きる上で人々に欠かせません。また家計（経済学では家庭ではなく家計と言います）の消費支出において最も多い比率です。従来の経済学の入門書では、食を事例として扱うことはありましたが、経済学を食に応用した本格的な入門書はありませんでした。食を理解するには、食文化や歴史、経済・ビジネスとしての食（農業、食品加工、製造、卸、小売り）、それに栄養や食認知、などの多分野を融合した総合科学が必要です。筆者が所属する食マネジメント学部は、そのようなコンセプトで開設されています。本書はこの総合的な視点を取り入れて、通常の経済学では扱わない項目を食の理解のために取り入れています。経済学を食の視点からとらえていることから、経済学はエッセンス的なところに止めて、経済・ビジネスを中心に食の多面的な部分を増やしています。この結果より具体的で身近に理解できることから、これまで経済学に縁のなかった人々にも遡及できると思います。さらに食と関連した経済学ということで、ビジネス関連の経済学を重視しています。以上のことから本のタイトルを「食の経済・ビジネス入門」としました。

筆者の主な専門は国際経済学や食の経済学です。本書はグローバル化の視点からの分析や国際比較の要素を入れています。また食関連の会社を起業し、お米作りも田舎の拠点で取り組んでいます。さらにイタリア、中国、台湾、韓国には何度か訪問していて、それらから得られる食の経済学的知見も解説します。以上を反映して、食を「ビジネス、グローバル・国際比較、食文化や価値観の相違の視点を交えて考える」ことによって、日本の現状を客観視できます。経済学による食の分析は、人々の食行動（食材購入、調理、家庭での食事や外食、水・お茶・お酒などの摂取)、食関連企業の食品加工・食品製造・外食・卸・小売り、農業・漁業、食関連の諸政策、など広範囲に渡ります。最近はすべてグローバル化と関係しています。

本書は、①食をこれから学習しようとしている、②ビジネスや農業において食に関わる、③食に興味をもつ、④経済学やビジネスを食やグローバルな視点を交えて学習したい、といった方々を対象としています。経済学と食の分析を通じて、現代社会における食と経済の現状、ビジネスへの活用、政策、安全・安心などを、グローバルな視点を交えて、理解してもらい、日本も含めて世界の、食の健全な発展に寄与することを目標としています。

本書の他の特色として、図表やグラフ、そして数学ではなく数値がでてきます。これらには、具体性と客観性があります。ある食品が脂肪を減らす効果があるといっても、個人差があって５％の人に効果があるのか、50% なのか、さらに減らすといっても、脂肪全体の１％か 10 ％なのかでも、全く異なります。本文中に紹介した令和のコメ不足に関し、その要因で言われていたインバウンドは、ゼロではないもののわずか 0.3% 程度のコメ需要増加で、実質フェイクに近いです。数値は具体的であり多くの人が共通に理解できるという意味で、客観性があります。このとき気を付けなければならないのは、数値の定義やその解釈です。例えば大学出身別の社長数のデータがあります。最も多い大学に行けば社長になれるのかと言えば、そうではありません。卒業生の数が異なり、卒業生が多いと社長の数が多くなるのは当然で、率（社長数 / 卒業生）が重要です。本書ではこのような数値解釈のセンスを磨くことができます。

初心者を対象としていますので、わかりやすく具体的に書くように心掛けています。また各章の最初にキーワードと章ごとで学ぶことを提示していきます。本書を通じて読者の皆さんは、食が抱えている課題、経済学の魅力と役割、食分野やビジネスへの経済学の応用、その応用でどのようなことが分析できるのか、を理解できるようになります。このことは、皆さんの行動や考え方を整理し、それらを明確化・意識づけするのに役立ちます。結果として経済、ビジネス、消費、そして食への「astute」（状況や行動をよく理解して適切に対応できる）参加者になっていただきたいです。本書にはそのためには「ちょっと調べる・考える」ことが大切であるとのヒントがあります。

また本書から「賢い消費者」になっていただければと思います。テレビのニュースは、スポンサー収入がメインで、法律に違反しない限り企業への批判をしない傾向があります。賢い消費者は、企業側の戦略にはまらず、物やサービスの価値を正しく見極めることができます。一方、食の財・サービスの創造や政策に携わる方々には、倫理を踏まえて、賢い消費者から長期的な信頼を得られるビジネス展開や政策を望みます。

経済学は歴史のある学問で、ビジネスはもちろん、思想から政策までの幅広い分野をカバーし、その考え方や分析は、経済的・物質的だけではなく人々の心を知的そして精神的に豊かにすることに繋がり、本書がその役に立てれば幸いです。

もくじ

はじめに　i

第1章　なぜ経済学を学ぶのか
——経済学とは　1

1.1　経済学の語源　2
1.2　なぜ経済学を学ぶのか？　3
1.3　周辺領域との関係　5
1.3.1　経済学と経営学の違い　5／1.3.2　自然科学、人文科学、社会科学　5／1.3.3　倫理、道徳　6／1.3.4　数値・統計学、相関関係と因果関係　8／1.3.5　関連領域その他　11
1.4　食と経済学　12
1.5　経済問題　14
1.5.1　希少性（scarcity）と価格　14／1.5.2　トレードオフと選択問題　15／1.5.3　3つの経済問題　16
1.6　経済学の主要分野　19
1.6.1　ミクロ経済学　19／1.6.2　付加価値とマクロ経済学　20
1.7　おわりに　21

第2章　付加価値、GDPと企業活動　25

2.1　投入と付加価値　26
2.1.1　仮想経済、付加価値、GDP　26／2.1.2　経済成長、経済

の循環　28／2.1.3　産業別付加価値　全国と東京都　食関連　29／2.1.4　名目 GDP と実質 GDP、成長率　31／2.1.5　1人当たりGDP、1人当たり付加価値　33／2.1.6　GDP 三面等価　36／2.1.7　幸福度、ウエルビーイングと所得　38

2.2 企業活動　費用、規模の経済、競争環境　40

2.2.1　固定費・変動費・損益分岐点——喫茶店を事例に　40／2.2.2　規模の経済と企業や事業所の大きさ　44

2.3 資本、設備、投資　人との代替　47

2.3.1　資本、設備　47／2.3.2　人と資本の代替、生産方法　48

2.4 需要面：ポジショニング、差別化、競争環境、何をどのように売るのか　50

2.4.1　同質財と異質財　50／2.4.2　差別化　51／2.4.3　ポジショニング　52／2.4.4　競争上優位の源泉　53

第3章　分業、交換、市場、フードシステム——分業、市場と経済の循環　57

3.1 分業、交換とは　58

3.1.1　分業の歴史　58／3.1.2　分業の要因　60

3.2 フードシステム　65

3.2.1　食にかかわる直接の業種と市場　65／3.2.2　食にかかわる間接の業種——中間取引　68／3.2.3　家計、企業、政府、経済循環図と市場　69

3.3 市場　需要曲線と供給曲線　72

3.3.1　需要曲線とそのシフト　72／3.3.2　供給曲線とそのシフト　76／3.3.3　市場の役割　需要と供給の一致　78／3.3.4　さまざまな市場　82／3.3.5　トピックス　食品売り場からお米が消

えた　令和のコメ不足　88

第 4 章　食消費者行動の基礎　93

4.1 最適行動　94

4.1.1　限界原理　94／4.1.2　複数財の選択と効用最大化　96／4.1.3　所得と需要　97

4.2 需要の2つの弾力性　価格弾力性と所得弾力性　98

4.2.1　需要の価格弾力性　98／4.2.2　需要の所得弾力性　100

4.3 一物一価　104

4.3.1　情報の不完全性　104／4.3.2　同質財と異質財　106／4.3.3　トピックス　107

4.4 不確実性とリスク・リターンの選択　109

4.4.1　期待値　還元率　109／4.4.2　リスク認知と効用　ギャンブルと保険　111／4.4.3　日本人のリスク回避国民性　112

4.5 食消費の特性　115

4.5.1　習慣形成と食文化　115／4.5.2　美味しさ、味　117／4.5.3　調理、外食　118／4.5.4　リスク評価と食の安全安心　119

4.6 まとめ　賢い消費者への含意　122

第 5 章　農業・漁業　127

5.1 農業の歴史と基本構造　128

5.2 農業生産と経営、食消費　132

5.2.1　就農（起業）　132／5.2.2　就農後の農業収入の実態　134／5.2.3　生産性の上昇　規模の経済　135／5.2.4　基幹的農業従事者と高齢化問題　139／5.2.5　消費　141

5.3 水産業 143

5.3.1 概観 143／5.3.2 漁業経営と後継者 145／5.3.3 漁業資源管理と乱獲 146／5.3.4 今後の行方 149

5.4 グローバル、自給率 151

5.4.1 競争環境とグローバル化 自給率 151／5.4.2 規模の経済、土地生産性、労働生産性、高付加価値型か物的生産性型 153／5.4.3 世界の食事情 155／5.4.4 飢餓問題 157

第6章 食と経済・ビジネスの応用とトピックス 161

6.1 起業 162

6.1.1 起業の一般理論とその帰結 162／6.1.2 事業計画と損益分岐点 165／6.1.3 開廃業率の国際比較 168／6.1.4 起業に必要なこと 170

6.2 行動経済学と食 172

6.2.1 2つの意思決定システム 172／6.2.2 確証バイアス 173／6.2.3 この他のさまざまな行動経済学 174／6.2.4 食行動を望ましい方向に変化（ナッジ（nudge）） 178

6.3 その他応用 180

6.3.1 中間業者（卸、商社）の役割 180／6.3.2 フランチャイズ契約 182／6.3.3 信頼 184／6.3.4 食品安全とビジネス、消費者の心得――トランス脂肪酸を事例に 187

第7章 マクロ経済と食経済 191

7.1 GDPの諸概念、名目と実質、三面等価 192

7.1.1　GDPの推移　192／7.1.2　GDP生産（付加価値）面　194／7.1.3　GDP分配面　196／7.1.4　GDP支出（需要）面　199

7.2　日本経済の課題を考える　201

7.2.1　日本の財政　201／7.2.2　日本の財政　国際比較　204／7.2.3　付加価値生産性、経済成長、課題　207

7.3　食産業とマクロ経済　209

7.3.1　世帯と食消費、調理行動　210／7.3.2　コロナ、資源・食料価格上昇、円安と各食品の消費支出の変化　211／7.3.3　値上がりの要因、海外要因（資源価格、円安）　215／7.3.4　コロナ、資源・食料価格上昇、円安と食ビジネス　217／7.3.5　食部門の生産性・付加価値、製造・卸・小売り・外食の特徴　221

第8章　食とグローバル経済　227

8.1　日本の対外取引の状況　228

8.1.1　貿易　228／8.1.2　食関連の貿易　230／8.1.3　経常収支　その他の国際取引　231

8.2　食の貿易原理と直接投資　233

8.2.1　食貿易の原理　233／8.2.2　食の国際分業の進化　236／8.2.3　食と直接投資　238／8.2.4　日本の保護貿易、WTO、TPP　240

8.3　国際間の食の均質化と多様性および地産地消の視点　243

8.3.1　グローバル化における食生産・消費の均質化　243／8.3.2　文化多様性の必要性　245／8.3.3　食習慣・食文化としての食　247／8.3.4　日本食と日本食材の世界展開の可能性　250

あとがき　255
さくいん　257

第1章

なぜ経済学を学ぶのか
経済学とは

この章で学ぶこと

最初の導入の章です。世界のどこでもそしてビジネススクールでも教えられている標準の経済学について、その西洋と東洋での語源から紐解き、学ぶ意義を理解してもらいます。高校の政治経済での経済学のイメージとは異なると思います。次に周辺領域との関係を解説します。経営学とは兄弟あるいは補完的な関係です。その他自然科学、人文科学、社会科学、数学・統計学との関係も解説します。食は諸学問の総合的な知識が必要があり、本書ではその多面性を取り込んでいます。

経済学の発想であるコストベネフィットを学び、経済学の食への応用がどのようなものであるか、食と経済学との関係を踏まえた上で、経済学の基本問題である、希少性、トレードオフ、What・How・Whom、そして経済学の主要分野を説明します。

キーワード

経済学の語源
●
マネジメント
●
コストベネフィット
●
希少性
●
トレードオフ
●
What・How・Whom
●
経営学との違い
●
3つの科学と統計
●
倫理・道徳、食と経済学

1.1 経済学の語源

経済学の「economics」という英語の語源は古代ギリシア語「オイコノミア」から来ています。このオイコノミアは、オイコス（Oikos＝家）とノモス（Nomos＝法律・法則・摂理）が合成されたものです。古代ギリシアでは家父長が統括・管理する家経済を意味し、自分の家や、家計、家族をいかに管理（マネジメント）するか、というのがオイコノミアの原義です。当時は、「家」の延長としてポリス（都市）経済を管理・把握していました。家のマネジメントとは、家の収入に対して、どのような項目にお金を使うか、誰が働いて誰が家事をするのかの分業などになります。家の収入についても、働き手が増えると、収入が増えるものの、家での家事などの時間が減るので、どちらを優先するかの判断が必要です。マネジメントは「うまくやりくりする」ことになりますが、その場合の判断は家族全体の幸せにつながるように、効率的に判断することになります。

1人暮らしをしていると、1ヶ月の収入を何に使うのかの問題に無意識であっても直面します。実家暮らしであっても、アルバイト（＝収入）とその他の時間の配分をどうするかに直面します。これらを余り考えずにしていると、後悔することがありますので、時々客観的に冷静になって、時間とお金を何かに使いすぎていないか、あるいは少なすぎるかなどチェックする必要があります。これが管理することになります。

マネジメントの対象は、家だけでなく、企業、政府、に広がります。企業においては、食品スーパーなら、商品構成、店の内装、バイヤー（仕入担当者）を誰にするか、店舗開発などになります。政府においては、道路・鉄道の建設や教育などに、国の予算をどのように配分するのかなどになります。経済学は、個人や企業、政府などの「個々の意思決定」を分析するミクロ経済学と、「社会や世界の全体の動き」を分析するマクロ経済学に分かれます。さまざまなデータを用いて分析しながら考えます。お金、人、時間などを経済学では資源といいます。この限られた資源をどのように使えば生活は改善するのか、誰にどのようにお金を配分するのがよいのかを分析します。税金をどの程度誰が負担すればよいのかも経済学の範疇です。語源の Nomos =法律・法則・摂理からわかるように、経済学は、人間社会の運行法則や摂理・原理を解明しようとします。より物事の本質や根源を突き詰めようとする哲学的な学問でもあります。これは社会への洞察力を鍛えることにつながります。この結果、たとえばなぜ最近の中国経済あるいは日本経済がよくないのかのヒントを得ることになります。

一方、漢字の「経済」は経世済民（けいせいさいみん）から来ています。中国の古典隋時代の王通『文中子』礼楽篇に由来しています。江戸時代にはすでにその用語が用いられています。世を経（おさめ）民を済（すく）うという意味です。経はマネジメントと通じるものがあります。一方「済」は救済の意味です。国をうまく経（おさめ）、民を貧困から脱却させ国を豊かにすることと解釈できます。西洋では教会は貧民救済の機能があり、教会のすぐ横に救済用の食堂があったりします。その機能が国家に受け継がれていて、日本でも貧困問題や格差是正の問題は、国の重要な課題です。肖像画は福沢諭吉で、今の近代日本の経済の仕組みを創設した人物で、Economy を経済と訳したことに関連する人物といわれています。

出典：国立国会図書館「近代日本人の肖像」

1.2　なぜ経済学を学ぶのか？

経済学を学ぶことによって、各個人の消費などの行動原理、企業の行動原理、社会全体の運行法則、国や地域などの経済社会の仕組みがわかります。因果関係あるいは背後に隠れているメカニズムも理解できます。非常に多くの引き出しがあるのも特徴で、多くの事柄をカバーできます。その結果、その分析は古代社会から現代までの歴史、さまざまな国や地域にも適用でき、経済を含む諸政策の、今の課題やその可能性と限界をよりよく理解できるようになります。病気と同様にまずは現状とその要因分析があって、その上での処方箋になります。これらの理解は自分独自の見方や考え方の醸成につながります。

皆様には本書をきっかけに、「astute」、つまり状況や行動をよく理解して適切に対応できる人になっていただければと思います。食との関係でいえば、消費者としては、広告に流されず自分の判断で食消費ができるか、薬と機能性食品の区別ができるか、コンビニと食品スーパーのビジネスの相違を消費者目線で理解できるか、食品安全対策や表示が適切か否か、など多岐にわたります。ビジネス側では、やはり食関連で消費者の心をつかむためのマーケティング手法や食関連の企業戦略（企業の経営方針や方向性）などが考えられます。情報過多の社会で惑わされない自分自身の意思決定の理論的な柱が手に入ります。たとえばニュースでは今日の為替レートが流れますが、為替レートはなぜ決まるのかその意味への説明がないと質的な情報価値はほとんどありません。現在多くの人々が経済関係のコメントを述べています。経済学を学ぶと、誰が正しそうかなどの視点を得ることができます。言い換えると、さまざまなコメントや投稿に対して自分自身の軸があると、受け身ではなくそれぞれの真偽の判断が可能になります。

何を信頼していいかよくわからない情報が氾濫しているネットの時代、消費者、労働者、経営者、資産運用などの立場からの経済活動や政策への判断に、経済学は役に立ちます。さらに自分や自分の会社だけでなく、他人や社会の役に立つものです。役立つとか儲かるとかは、経済学の立場からは重要であるものの表層的なことです。哲学が客観視できて意外と別の意味で役に立つ面があるのと同様に、「経済学の役立つ」はこのような気づきや視野の広がりも持っています。

1.3 周辺領域との関係

1.3.1　経済学と経営学の違い

消費行動、企業行動、政府の経済への関与や政策が経済全体に及ぼす影響や、経済の運行法則を分析するのが経済学で、持続可能で発展するビジネスのためにはどのように運営していくべきか、マーケティング、組織の在り方や人材マネジメントなどについて、経済学よりも詳細に分析するのが、経営学です。

経済学部から経営学部が分かれていった歴史があり、経済学のほうが基礎的で広く、歴史、思想、国の政策なども含まれます。ビジネスの現場とは一見遠く見え、抽象的な面があってより哲学的ですが、根源的な見方ができ、その意味でも役に立つことがあります。さらにはビジネススクールでも経済学は重要な科目群になっています。一方経営学は経済社会の主要エンジンでもある企業（マーケティング、組織論、会計学）が中心です。マーケティングはその企業の商品が売れないと持続可能ではなく、組織論は労働者の意欲や能力向上、組織編制などと関係します。マーケティングが経済学と比較的近いといえます。マーケティングの知識は、営業・販売に使用されます。販売するには、消費者行動や他の企業行動や戦略を知る必要があり、効率性を同じように重視しますので、近接分野となります。会計学は企業活動を資金面から分析・把握します。

1.3.2　自然科学、人文科学、社会科学

研究対象や分析対象が、自然、つまり人間が作り出していないものを対象とする学問は自然科学です。一般には理系といわれ、物理学、化学、生物学、医学、農学、地学などになります。人間が作り出した社会は、複数の人がいれば成立し、一番小さいのは家族で、村や地域の自治体、国、さらにはさまざまな規模の企業などです。それらを分析するのが社会科学

で、法学、政治学、経済学、経営学などになります。同じ人間が作り出したものでも、歴史学、文学、地理学、人類学、社会学、心理学は、人文科学として分類されます。なお心理学は自然科学、社会学は社会科学に分類されることもあります。経済学には歴史学の分野もあり、すべてが明確に3つに分類される訳でもありません。経済学は人間が作った社会を分析することから、目に見えないGDPなどを扱い、その点ではあいまいさ、不明確性が残ります。しかしその分人間らしさがあり、そのような視点を楽しむことができれば、より興味深くなります。

最近注目されている経済学の一分野である行動経済学は心理学の応用でもあります。環境問題は経済学でも取り扱い、自然科学の環境系との学際領域です。食の分野は、栄養学、心理学、経済学、経営学、歴史学、地理学、文化人類学、社会学などの複合領域です。経済学は社会科学においては比較的データや数値を用い、統計学や数学もよく使います。本書は経済学を柱として、さまざまな領域を取り入れています。

1.3.3 倫理、道徳

経済学と倫理・道徳はあまり聞かない関係です。企業や個人は、最近は法律に違反しなくても、倫理に違反すれば、社会的制裁を受けることがあります。経済学の礎をなしたアダムスミスは、著作『国富論』において、個人の自己愛・自己利益の追求が結果として、自由な市場において適切な資源配分が達成され、調和ある社会となることを述べています。一方、別の著作『道徳感情論』においては、調和ある社会構成の根幹に、「共感」を据えています。法律や規則ではなく、道徳や倫理の世界になります。人々が、他の人々が共感し、支持あるいは認める行為をすることによって、徳のある世界に向かっていけると述べています。アマルティア・センも同様に、善とか社会規範の概念を用いて、経済学は倫理学と結びつけるべきだとしています。結局人々の価値観を再検討すべきであることになります。

以上のことは、経済行為のすべてのことに当てはまります。これを経済正義と呼ぶこともあります。合法的であればなんでもいいのかといえば、そうでもなく、共感を得るような企業になることの方が、むしろ企業のブランドを高めます。企業がその理念も含め、いろんな形で社会貢献を打ち出しているのはこの要因があります。近江商人の「三方よし」（売り手、買い手、社会）もそのように解釈できます。

出典：講談社学術文庫

次に経済正義に反することを日本政府が合法的にしていると解釈できる財政赤字を取り上げます。先ほどの「astute」はどちらかといえば目の前の各個人が直接に関連することが多いでしょう。しかし経済学は経済社会を俯瞰して、社会の在り方に対する洞察力を磨くことができる学問です。日本の財政赤字の対 GDP 比率は先進国では最も高く（つまり酷く）、その状況は日本経済の低迷要因の１つの表われです。日本が地理的に EU の近くにあっても、EU にはこの赤字では加盟できません。

マクロ経済学的にはコロナのときのように、景気悪化時の財政赤字は他の先進国のように仕方がないものの、通常は景気が元に戻ると、財政黒字になって赤字を一時的なものとします。古代ギリシアの哲学者アリストテレスの経済正義は、その人の貢献や働いた価値分の分配（収入）を得ることや、等価交換を意味します[1]。財政の考え方には、国民が税金を負担しそのかわりに政府から便益（保健、安全、インフラ整備、教育、警察、消防）を得るという、交換の原理があります。大幅で持続的な財政赤字、つまり政府の収入以上の支出（＝便益が）、この交換の原理に反しています。人々の働いた収入、つまり税収以上に、政府が支出し、その意味で等価交換にはなっていません。市町村や政府で何か新規に事業をするときは、その財源をどうするか、財源と支出がリンクするのが、通常の考え方ですが、今は日銀が中央政府による財政赤字を支えているために、そうではなくなってきています。財政法は、「国の歳出は原則として国債又は借入金以外の歳入をもって賄うこと」と規定していて、現行の財政赤字のほとんどは特例国債といわれ、特例として認められたのです。経済正義の観点からは、持続的な財政赤字は不正義と解釈できます[2]。

1.3.4　数値・統計学、相関関係と因果関係

経済学とデータは切っても切り離せない関係です。たとえばGDP（国内総生産）やエンゲル係数（家計における食費が占める割合）など、人間の社会的活動を数字に置き換えていきます。また経済学は、解き明かした経済社会のメカニズムや、提案されたさまざまな政策が本当に正しいのかを、データや統計手法を用いて分析します。近年はデジタル化の時代に合わせて使用できるデータが膨大になってきていて、データスキルが重要となってきています。データスキルに関して、経済学や実社会では、複雑な数式というよりも、最終的にはデータから垣間見える現実の社会や人間の動きを正しく読み取れ、判断できるかが、大切になってきます。商品の売れ行きが下がったとき、その要因は何かがかわからないと、次の対策がとれません。下がったのは単なる季節要因なのかライバル企業なのかで、対応は変わっています。この場合数学というよりもデータ分析スキルが必要となります。

このようなデータ分析を定量分析といいます。すべてが数字で把握できるわけではないものの、客観的で共有化できます。データを用いないのは定性分析といいます。一般的には自然科学は定量分析が多く、人文科学は定性分析が多くなる傾向があります。経済学は社会科学ですので、両方の要素が必要です。

ここで相関関係と因果関係の違いを説明します。図1.3.1は、飲食店における、ある日の気温（横軸）とその日のビール消費量（杯、縦軸）の数値

例の相関図です。暑くなることでビールの消費量は増えますので、相関関係があると同時に因果関係があります。気温が高くてもそれほどビール消費が伸びていない（32度で23杯）のは、その日が曇り、あるいは平日の可能性があります。図1.3.2は同じ飲食店の気温（横軸）と電力使用量（縦軸）です。暑くなるとエアコンや冷蔵庫の消費電力が高くなりますので、こちらも相関関係と因果関係の両方があります。一方図1.3.3は、同じデータで相関を図示しています。相関関係はありますが、ビールと電力消費量に因果関係はありませんので、これを見せかけの関係といいます。

相関の程度を表すのが相関係数１から０の範囲にあります。一般的には、０～0.3未満：ほぼ無関係、0.3～0.5未満：非常に弱

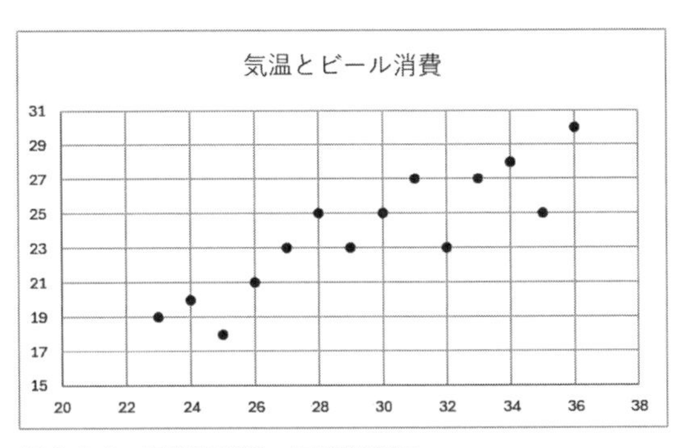

図 1.3.1　相関関係○　因果関係○
横軸：気温　縦軸：ビール消費量

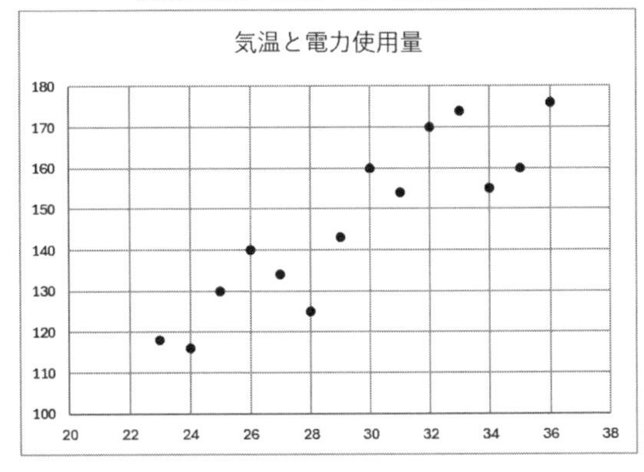

図 1.3.2　相関関係○　因果関係○
横軸；気温　縦軸：電力消費量

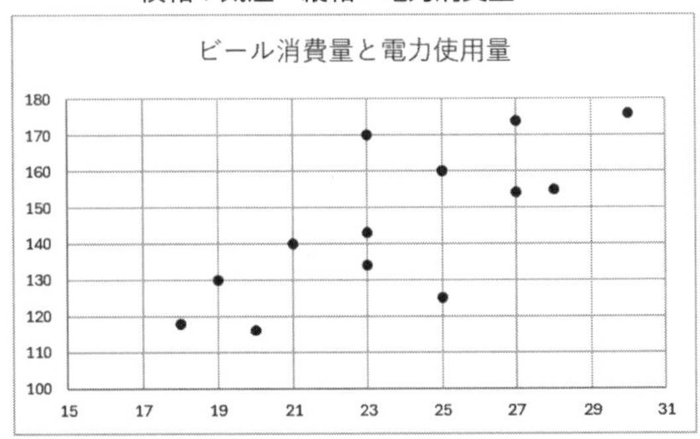

図 1.3.3　見せかけの関係　相関関係○　因果関係×
横軸：ビール消費量　縦軸：電力使用量
図 1.3.1 ～図 1.3.3 筆者作成、データは仮想

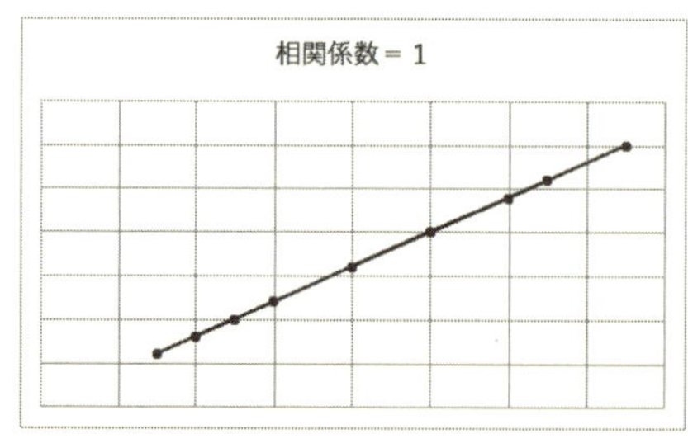

グラフ 1.3.4A

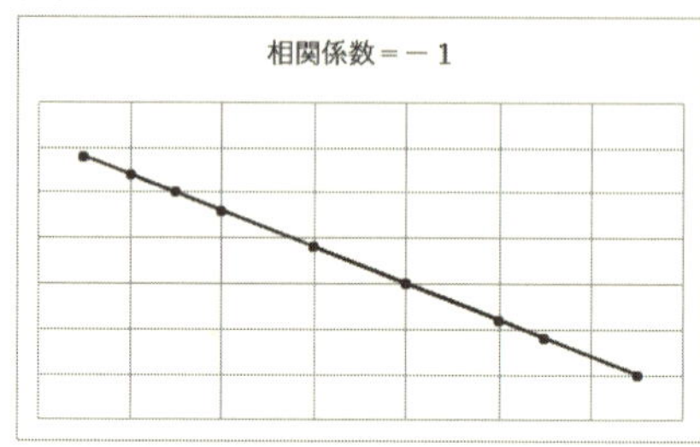

グラフ 1.3.4B

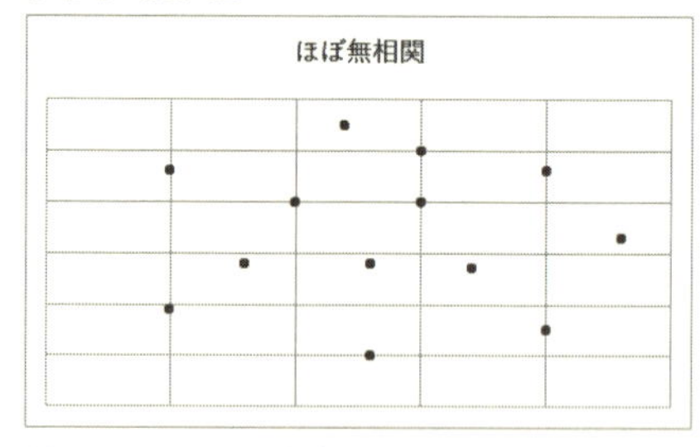

グラフ 1.3.4C　無相関
グラフ 1.3.4A～C、筆者作成、データは仮想

い相関、0.5～0.7未満：相関がある、0.7～0.9未満：強い相関、0.9以上：非常に強い相関、といわれています。マイナスが付くと負の相関になり、気温とホットコーヒーの関係などです。グラフ1.3.4Aは相関係数が1、グラフ1.3.4Bは相関係数が－1、グラフ1.3.4Cはほぼ無相関です。

人を数値で理解できるのかという批判がありますが、人間そのものを数値で測るというよりも、数値には客観性・具体性があります。たとえば「ある薬は熱を下げる」というデータがあっても、薬を飲んで熱が下がる人が10％であれば、微妙になってきます。また幼児の規則正しい食生活と大人の資質と相関があるといっても相関係数が0.2程度であれば、統計の世界では関係はほとんどないとの同じです。また食品製造、流通、外食の食関連産業は中小企業が多いといわれていますが、それは3つのうち、外食が極端に中小それも個人経営が多いことが要因で、他の2つはむしろ全産業の平均よりも規模が大きいです[3]。データは嘘をつきませんが騙されてはいけません。データをうまく解釈できるデータリテラシーが必要です。

1.3.5　関連領域その他

経済学の範囲は思ったよりも広いです。医療も医療経済学の範囲でカバーされています。医療支出は食ほどでもないものの、かなりの比率です。身近な例では、救急車を有料化するのかしないのかがあります。現在日本では無料ですが、有料な国は結構あります。有料化することで、優先度が高い人が確実に待たずに利用できることを狙っています。また昔は入院日数が多かったのが、最近は在宅医療が進んでいます。入院することで３食の提供やベッド面積が必要で高コストであることの他、緊急度の低い患者を減らすことになります。トリアージュという、大規模な災害のときに優先度の高い患者さんから救うという考え方は、経済学での費用対効果と同様になります。

都市経済学でも、費用対効果の考え方は重要です。都市部の交通渋滞の解消には、道路を拡張するだけでなく、時間帯別の高速料金の変動、あるいは鉄道料金も同様に考えられます。ラッシュ時に合わせて多くの車両や設備が必要で、その費用を賄うために、ラッシュ時は相対的に高価格にするのが合理的といえます[4]。

費用対効果はコストベネフィットともいわれており、この数値で予算を配分することがあります。コストベネフィットの考え方は経済学やビジネスの根幹にかかわります。「コスパ」という言葉とほぼ同じ意味で、パフォーマンスをベネフィットに置き換えればいいだけです。ただ実際は比較的低価格品に用いられる傾向がありますが、コストベネフィットは本来そうではありません。「安物買いの銭失い」という言葉は、安物はコストベネフィットが悪いことを意味します。通常この指標は、

ベネフィット（便益、効果）／コスト（費用）

で示されます。私の趣味の１つは楽器で、安い楽器はストレスを感じ、一

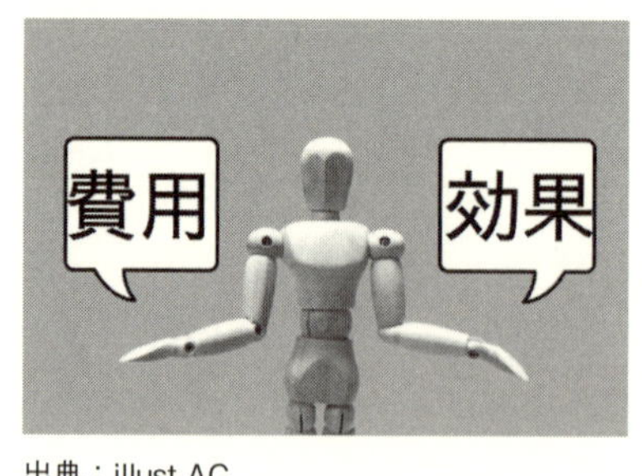

出典：illust AC

定以上の金額を出すと、より感動に出会えます。アコースティックギターなら、私自身でいえば、20万円と2万円のギターなら、1000/20万円 > 100/2万円（ベネフィットは例）となります。アイス、ペットボトルなど多くのことがこの概念を基本にして説明可能です。

教育経済学、結婚の経済学をはじめ、戦争と平和、犯罪、保険とギャンブルの経済学まであり、社会現象のほとんどが、分析対象であるといっても言い過ぎではありません。なぜ教育を人々は受けるのか、その学費を、個人ではなく社会的に負担する意義は何か、結婚行動はなぜ発生するのか、なぜ戦争をするのか、なぜ捕まるのをわかっていても犯罪を行うのか、などを分析あるいは説明します。保険とギャンブルは理論的には同様なフレイムワークで分析可能です。リスクへの人々の選好を基に、なぜ保険やギャンブルによって満足度が高まるかを分析できます[5]。このフレイムワークからギャンブル抑制政策や導き出すことも可能です。

経済学は多くの引き出しがあって、現状のなぜを紐解き、社会あるいは世界の人々が豊かな暮らしをしてその幸せを願っている学問であることは間違いありません。

1.4 食と経済学

食は人の生命維持や健康にとって必要で重要であるだけでなく、消費やビジネス、地域経済においても、その比率は大きいものがあります。さらには新たな幸福の概念であるウエルビーイング、あるいは環境・SDGsとも関係があります。食には文化や歴史、経済・ビジネス、そして栄養や味覚の、3つの側面があります。自然科学、社会科学、人文科学にそれぞれ対応しています。人々の健康と食が関係することは容易にわかりますが、その詳細な仕組みは不明なところがまだまだあります。一方で同じ人間であるにもかかわらず地域や国によってなぜ食べ物が違うのか、あるいは日本ではなぜ和食になったのかは、食の歴史や文化をたどるしかありません。人々が食するには昔の自給自足と異なり、農漁業から卸、小売りを経るといったフードシステムに支えられています。そこには生業としてのビジネスが成立しなければ、食は持続可能でなくなります。赤字経営とか、低賃金で人が集まらないあるいは需要がないのであれば成立しません。本書はビジネス面を含む経済学からの食へのアプローチです。

出典：illust AC

経済学は、なぜそうなのかといった因果関係や背景の考察に役立つ理論やキーワードを提供します。理解すると、現実を観る目を養い、さまざまな事柄を理解し対応できるようになります。たとえば、「農業人口の減少が必ずしも農業の衰退を意味しない」、「外食産業は必ずしも大規模経営が有利でない」、「食品スーパーは全国規模が少ない」、「人手不足の根拠」などの理由に答えることができます。一般的に農業人口比率と経済発展は反比例の関係にあり、この比率が少ないほど経済は発展しているといえます。この結果、農業政策では、農業就業人口の拡大である必要はなくなり、政策や農業への見方が変わります。さらに外食産業の場合は規模の拡大は、どうしても質（美味しさ）との両立が難しくなります。一般に腕のいい料理人はそれほどいませんので、大規模なチェーン店になるほど、アルバイトでもできるマニュアルが必要です。また質の良い食材確保も限界があります。食品スーパーは地域ごとに異なる食文化を反映する必要から、ある程度地元密着が必要で、地域スーパーですと人材も地域密着でそれが可能になります。

食の安全を考えると、リスク分析やリスクコミュニケーションは、重要になってきます。リスク分析は何パーセント程度の確率で発生するのか、リスクコミュニケーションは保険や安全基準を人々はどのように認識してどのように行動するのか、ということになります。これらは経済学の応用分野でもあります。食は安全であればあるほど良いという理由で、衛生管理や基準は年々厳しくなる傾向があります。一見正しいように見えますが、一方それにはコストがかかります。昔からの農家が漬物を出荷するのに、衛生基準を満たすために設備コストがかかって作れなくなり、地方の食文化が喪失することが危惧されています。新基準でどの程度食中毒が防げるのか、一方そのコストはどうなのかの分析が必要です。コストベネフィットを考慮して、そのバランスを取る必要があります。

さて、経済学の分析対象は、大きく分けて、消費者行動、企業行動に分かれ、その応用としてさまざまな政策があります。消費は需要に、企業は供給に対応します。需要と供給が出会う場所が市場になります。消費には食も含まれますので、食への応用ができます。企業も同様に食関連企業が含まれます。ただ食に特化した経済学系の研究は多くなく、テキストレベルでもほとんど食関連はありません。本書は、食関連の経済学をグローバルの視点を入れて解説します[6]。

1.5 経済問題

1.5.1 希少性（scarcity）と価格

欲求（需要）＞供給、つまり人々の欲求に比べて供給が少なく限られているとき、希少性があるといいます。希少性のある財は「経済財」と呼ばれ、希少性の無い財は「自由財」と呼びます。希少性が存在するとき社会は必ず財サービスの選択問題に直面します。自由財の例としては、空気中の酸素です。酸素は生命体に必要な消費財ですが、宇宙空間や水中でなければ、人々の必要な需要量以上に酸素は常に存在します。過疎地の空き家や耕作放棄地は、その需要がゼロで価格が付かず、一種自由財といえます。

出典：illust AC

希少性の程度は、供給が減るか、需要が伸びれば増えます。野菜は不作になれば供給は減り、希少性は増し、豊作になればその逆で希少性は減少します。マツタケは希少で価格が高いですが、かつてはシイタケのようなものでした。里山の消滅とともに土壌が富栄養化し、採れなくなっています。サンマは台湾や中国でも食べるようになってきて需要が増えたのと、サンマの資源（生息数）管理がうまくできず獲りすぎて供給が減少したことで、希少性が増し、高騰しています[7]。

さて希少性が増すと同じ品質でも価格が上昇することから、価格とその価値の関係は、必ずしも相関しないことになります。高価格＝高級品で質が高いといえば、そうでない面があります。先ほどのサンマに関しては、近年は早めに獲ることから、細めで食べる量も少なく脂も乗っておらず、品質が落ちているにもかかわらず、需給ギャップ（需要>供給）によって価格は高めです。

1.5.2　トレードオフと選択問題

「あちらを立てれば、こちらが立たず」という言葉があります。トレードオフとは、両方ともうまくはいかないという意味です。日常の経済活動では、たとえば１ヶ月の生活費が決まっている場合、家賃の高いマンションに住むと、食費や洋服代を削ることになります。安いマンションに住むと、食や衣服にお金を使えます。あるいは食費を一定とすると、肉にお金を使うと野菜や他の食材が買えなくなります。人々はこのような選択問題に常にさらされて、優先順位を付けながら、トレードオフに対処しています。これらのことが効率的な支出につながります。そして結局はバランスになります。

さらに、希少になればなるほど価格が上昇し、より利用・使用方法に注意を払う必要が出てきて、トレードオフが厳しいものになります。たとえば水は通常節水をそれほど意識しません。では震災で水道管が壊れ、1日の給水量が1人5Lになったらどうするのでしょうか。ここで出てくるキーワードは、「優先順位」です。最も優先順位が高いのは飲み水や調理です。この非常時に飲料用に用いずに、トイレに使う人はまずいません。人々は水の選択問題にさらされます。

また、忙しいというのは時間の希少性が増すことになります。時間は1日24時間と決まっています。やるべきことが多いと必要な時間が増えて、どのようにやりくりするかを考えます。これも優先順位を決めるしかありません。今日中にするべきことか明日以後でも大丈夫かなどです。学校で英語と数学の試験の前の日では、限られた時間をどのように配分するか、苦手科目か得意科目に取り組むべきかを考えます。共働きの夫婦は、平日は忙しく、その日の晩御飯は多少高くても時間のかからないメニューにするのも、その例になります。このような時間配分、すなわち時間選択の問題も経済学の範疇です。

市町村では、支出と収入はリンクし、何かをしようと思えば、他の支出を削るか、増税かの選択になります。新規事業は何かの負担が必要です。日本の政府は、新規事業を国債発行で、つまり借金をしてその財源を補おうとしています。結果トレードオフの世界が弱まり、効率的な財政支出(政府支出)が不十分になります。しかも毎年の膨大な財政赤字は一時的には可能ですが、長期的には持続可能ではなくなります。

1.5.3　3つの経済問題

ノーベル賞経済学者であるP. Samuelson(ポール・サミュエルソン)は下

記の３つの問題を「経済問題」と名付けています。これらの問題は、桃源郷に住まない限りは、あらゆる人々や社会が解かなければならない最も根源的な問題です。
What：どんな財サービスを作り出すのか
How：それはいかにして、どんな方法で作り出すのか
Whom：財サービスを作り出す行為で得た利益を誰にわけるのか
の３つです。

What（何を）

コロナのときはワクチンやマスクを生産しました。ウクライナでは戦争をしていますので、兵器を作らざるを得ません。近年はIT系への需要が高まっていますので、IT系の労働者が多くなっています。大学は教育サービスを提供します。大学でも、社会の動向を反映して、学部の改廃が進んでいます。肉でも、牛肉、豚肉、鶏肉をどの程度、魚でも多くの種類からどれだけ食するのかの問題になります。

食に関しては、国による食事の相違は、国ごとで何が栽培されていたか、気候、他国から何が伝わってきたかなどの偶然にも左右されます。日本人はお米を食しますが、昔中国から伝わってきたこと、米作向きの雨の多い気候、お米が多くの人口を養えることと、関係しています。

How（いかにして）

日本でも60年以上前では、牛や馬を用いて、田んぼや畑を耕していました。今はトラクターを用いています。時代とともに、素朴な道具から高価な機械へと進化しています。電車では昔は自動改札機や自動切符売り場や、交通系カード（ICOCA、SUICAなど）もありませんでした。先端農業ではITで水や肥料の管理を行ったりします。調理もそうで、炊飯器やガス・IHコンロは、薪に代わって、手軽にかつ火災の心配もない調理方法

です。炊飯器には小型のパソコン（マイコン）が昔からあります。途上国ではエネルギー源として薪をまだ使用し、木が減少し砂漠化の要因になっています。AIによって、人が行うことを代替して人間の仕事がなくなるかどうかは、経済学で分析できます。

よくお菓子作りなどで、手作りを称賛する傾向がありますが、それは時代と逆行したもので、機械に任せてもよい部分は、そうした方が効率的で、生産者もより安価で安定した質で楽に提供できます。昔から何らかの道具を使ってきたのは間違いないことで、手作りのお菓子といっても、鍋や蒸し器、へらなどの道具なしで、100％人間の手のみで作ることはありえません。この意味で手作りは時代と逆行し高コスト、出来具合の不安定化になります。

Whom（誰に）

分配問題といわれるものです。労働分配率が代表的な指標です。労働者の収入（雇用者報酬）と企業側の収入比率に関係します[8]。小さなケーキ屋さんですと、アルバイトにどの程度賃金を与えて、経営者側がどの程度の収入になるのかの問題です。アルバイト側にお金を多く与えると人をより容易に確保できますが、一方で会社の利益が少なくなり、結果新たな設備投資ができないなどの経営の問題が発生します。

この他同一企業内の労働者間でも、どの程度誰が報酬を得るのかもこの問題です。基本給を年齢と関連させるのは年功序列賃金、年齢と関係なく実績に応じた賃金は、成果主義と呼ばれています。日本の公務員は年功序列ですが、最近の企業は成果主義の傾向があります。個人経営の仕事の成果は明確であるものの、組織で仕事をするとき、各個人の実績や成果は不明確です。新製品の食品開発にしてもその人だけが開発したとしても、売れたのは会社のブランドで売れている部分もあります。通常はいろいろな人（マーケティング、開発、製造、人事・管理）が加わりますので、個人の貢献の程度はよくわかりません。

分配問題は所得や富の不平等問題でもあります。不平等は国を不安定にし、かつて革命が生じたこともしばしばありました。そもそも人間は生まれながらにして、生まれた国、地域、家などに応じて、さまざまな違いがあり、不平等といえばそうです。ただそれを人々が不合理で納得できないとなると話が違ってきます。時代とともに、教育や就職の機会の平等を保障しようとする考え方は浸透してきています[9]。学生向けの奨学金はそのためのものであるといえます。

1.6 経済学の主要分野

経済学の主要分野は、ミクロ経済学とマクロ経済学に分かれます。食はミクロ経済学の方の関係が深いものの、マクロ経済学は付加価値という経済の根幹に関ります。なお、第７章で食産業とマクロ経済との関係を説明します。

1.6.1 ミクロ経済学

微視的経済学ともいわれ、家計と企業の個別経済主体の行動や、個別の市場を分析対象とします。市場における需要と供給による価格決定のメカニズムを分析しますので、価格理論というときもあります。

（生産活動）

生産活動の主な担い手は、企業・個人事業主（事業所数：数百万）です。部品・設備・土地・労働などのさまざまな「資源」を使って、食品、自動車、服、住居などの物質（モノ）を作り出したり、金融、保険、公務、外食、ホテル、家事、コンサル、医療、などさまざまなサービスを提供する活動です。

（消費、需要活動）

生産されたモノやサービスを家計や個人が消費する行為と、企業・店舗・個人事業家が購入する行為の2つに分かれます。個人や家計（家庭）が購入するだけではありません。レストランが食品購入するのは後者の例になります。これらの企業間取引を中間取引といいます。食品製造業者が小麦粉や砂糖、塩などを購入するのもそうです。食品製造業では、同じ製品でも消費者向けが小売り用、企業向けが業務用となります。コロナの期間では、外食が減少したため、食品製造では、業務用が減少し小売用が増加しました。

（市場）

生産者あるいは供給者と需要者が出会う場所が市場になります。教科書でよく使われるのは需要と供給です。目に見える市場としては、野菜が取引されるのは青果市場で、豊作か不作かに応じて価格が上下します。食品スーパーは野菜を購入する消費者と供給者が出会う場所です。食品スーパーは目に見えない一種の市場で、不作で価格が高騰すると、消費者は購入しませんし、安くなるとたくさん消費します。野菜については、農家と、農家から購入する卸売業の間でも、一種の市場が存在します。農家は高く買い取ってもらう相手を見つけようとしますが、買い手の卸は、市場の動向と品質を見て、どの程度の価格なら買い取るか決めます。

近年増加している通販も市場の一種です。情報や検索エンジンで、提供価格の均一化が進んでいます。需要者と供給者の間では膨大な取引が発生していて、それらを総称して市場と呼びます。このような市場の実態やその意味、さらに政府の介入などを分析対象とするのがミクロ経済学です。

1.6.2 付加価値とマクロ経済学

マクロ経済学は国全体の経済や地域経済などの集計的・総体的な経済活動を分析し、GDP や物価水準などがどのような水準に決定し、どのように変化するかを分析します。つまりはるか上空から俯瞰し、全体の動きとそのメカニズムを理解できます。

一見食はマクロ経済と関係がないように思えます。しかしよく使われるGDPは付加価値の集計です。付加価値は基本的概念で、所得と密接に関係します。米作ですと、1粒の籾（お米の種）から多いと約400粒の稲を育てることができます。この差は、お米を作る人の付加価値、つまりその人の仕事や貢献になります。寿司職人ですと、同じ鮮魚から、よりおいしい寿司を提供することができる人ほど、付加価値は高くなります。付加価値は人々がどのような貢献をしたのかを表したものです。

コロナや円安のような大きな変動があったときには、個々の企業や消費者行動は社会全体の経済の動きに大きく影響されます。さらに日本の財政状況や金利の動きにも影響され、そのことを知っていることで、たとえば個々のお店の売れ行きの変化が、個別の状況なのかそれともお店ではどうすることができないマクロ経済的な要因なのかを区別することができ、その結果お店の対応が変わります。税金や物価は、生活に影響を及ぼします。最近ではウクライナとロシアの戦争など世界の動きにも影響されますので、マクロ経済学を学習することは、日本も含めて世界経済全体の運行法則や状況がわかります。その結果、さまざまな経済ニュースの裏を知り、より身近に理解できることになって、政策への評価にもつながります。

出典：pixabay

1.7 おわりに

経済学は、社会が関わるすべての事柄が分析対象です。経済学を学ぶことで、さまざまな事柄の要因の事実関係や対策について、分析することが可能です。その思考は論理的で、「なぜ」「その背景」「その各方面へのプラスとマイナスの影響」などの思考習慣が身に付きます。たとえば消費税の減税にはそれだけなら賛成になりますが、一方減税するということは通常どこかの支出を削ることになります。その場合の影響はどうなるのでしょうか。EU ではなぜ付加価値税（日本の消費税）率は日本より高いのでしょうか。また店頭では安い価格の方がありがたいのですが、そのとき、提供するサービス側の賃金や商品の質はどうなるのでしょうか。なぜこの企業はこの価格で提供できるのでしょうか。

論理的に冷静に分析することが、さまざまな課題解決力や実践能力を得ることにつながります。その場合、一方で、経済社会問題の解決には他の人々を思いやる温かい心や倫理観が大切になってきます。現実の世界では、冷徹な現状分析とこのような人間らしい気持ちが必要です。つまり、経済学者アルフレッド・マーシャルの「冷静な思考力と温かい心（Cool Head, and Warm Heart）が大切になります。

では皆様一緒に、豊潤な知性を有する経済学を味わっていただきたいと思います。

注

1　このことは貧民救済や生活保護などを否定するものではありません。

2　後で説明しますが、よい借金もあります。道路や住宅などは長期間ベネフィット（便益）をもたらします。この結果借金への利子を含めた毎年の返済は、そのベネフィットへの支払いで、問題はありません。

3　第 7 章表 7. 3. 11 参照

4　人口密度の高い日本の都市部では大きな面積を必要とする道路よりも鉄道が人の大量輸送には向いています。道路よりもまずは鉄道の充実が先です。

5　だたしギャンブルには麻薬や酒と同様な依存症がありますので、全く同じではありません。

6　なお、農業経済学は、農業に特化したもので、農業や農業政策を中心にし、食生活を扱うこともあります。本書でも、農業は、食の経済学を形成する重要な部分として解説します。また英語のテキストになると、健康、農業、環境と関係付けたものがある程度で、通常の経済学入門の食へ応用したものは見当たりません。

7　Wedge ONLINE：漁獲激減のサンマ資源管理と程遠い国際合意のカラクリ

8　分配率は、(労働者の収入) / (労働者の収入＋企業側の収入) です。多くの国では 60 %台です。

9　アメリカではかつて人種間の所得の不平等をなくすために、優先的に黒人やヒスパニック系を、大学に合格させることをしていました。しかし今は廃止されています。

第2章

付加価値、GDPと企業活動

キーワード

付加価値とGDP
●
中間投入
●
経済成長率
●
名目と実質GDP
●
1人当たりGDP
●
GDP三面等価
●
固定・変動費
●
規模の経済
●
競争環境
●
差別化と異質財

この章で学ぶこと

基本的で重要な概念である付加価値をまず説明し、経済の主エンジンである企業の財サービスの生産活動を、付加価値やGDPと関連づけて理解してもらいます。なお、ここでの企業は個人事業主や自営業も含みます。GDP成長率や実質・名目GDPを説明し、幸せはお金では必ずしも買えないことから、GDPと幸福度との関係も紹介します。

次に企業の生産（付加価値）活動について、資本、設備、投資、人との代替、平均費用の概念で説明します。企業の対消費者活動を、ポジショニング、競争環境、差別化、同質財・異質財の概念で説明します。企業としてはいかにしてコストを抑えるか、そして新規の有効な設備投資が何かを学びます。それから顧客がいないと、つまり需要がないと企業は成立しませんので、どのような企業と競合し、それを踏まえて、どのような財サービスを提供するのかを説明します。

2.1 投入と付加価値

財サービスの生産活動を行うには、さまざまな設備や投入財、それに人が必要です。原材料は製品に付随しすぐになくなるもので、長期間使用できるものを設備といいます。この節では簡単化のために設備はないものとして、投入財のみで付加価値を考えます。

2.1.1　仮想経済、付加価値、GDP

パンを例として考えます。パンになるまでは、小麦⇒小麦粉⇒パン製造の順になり、業者では小麦農家⇒製粉業者⇒パン屋の順になります。水や発酵のためのイースト菌、パン焼き機が必要であるものの、ここでは小麦のみで作られるとします。もちろんこれらを入れてもいいのですが、そのようにしても、本質は変わらず複雑になって理解しづらくなりますので、簡単にして説明します。このように経済学では現実を描写するのに、簡単化して分析しますが、これをモデルを使って分析するということもあります。モデル分析では、必要な本質的な部分のみを抜き出しますので、複雑な現実を理解するのに役に立ちます。

ここではパン一斤 120（円）[1] の製造のために、パン屋は製粉業者から小麦粉を 80 で購入し、製粉業者は小麦を 40 で農家から購入、小麦農家は 60 の小麦を作るのに肥料 20 を海外から輸入しその代金として 20 を、小麦として払うとします。輸入は肥料とします。付加価値は売り上げから製造原価を引いたものになります。このとき、小麦農家の付加価値は 40（= 60 − 20）、製粉業者は 40（= 80 − 40）、パン屋は 40（= 120 − 80）となります。経済がパンだけであれば、GDP は、付加価値総合計の 120 になります。そして、この付加価値分を貰った労働者が、すべてパンを購入すると、つまり小麦農家の労働者は 40、製粉業者の労働者は 40、パン屋の労働者は 40、海外が肥料代に対応した 20 の小麦を購入すると、この経済は完結します。20の小麦は海外の人が購入するもので輸出になります。

GDPは、Gross Domestic Product、総国内生産です。生産はモノだけでなくサービスも入り、結局どれだけの付加価値を国内で生み出したかを意味します。3つの経済主体の売り上げは、それぞれ、60、80、120でそれを足すと260になります。GDPはそれぞれの付加価値を足したもので、売り上げから原材料などの中間投入を除いたものでもあります。農家、製粉業者、パン屋のそれぞれの中間投入は、20、40、80の合計140で、売り上げ260から中間投入の140を除くと120になります。結局、

GDP（＝付加価値の合計）＝売り上げ－中間投入

となります。これを仮想経済Aと名付けます。仮想経済AのGDPは120です。

これらを表示したのが、以下の表2.1.1の産業連関表になります。実際の表は複雑ですが、エッセンスはこの図で理解できます。GDPはこのような産業連関表を基に作成されていて、国だけでなく各都道府県の産業連

表2.1.1　産業連関表

<table>
<tr><td colspan="3" rowspan="3"></td><td colspan="6">需要</td></tr>
<tr><td colspan="3">中間需要</td><td colspan="3">最終需要</td></tr>
<tr><td>小麦農家</td><td>製粉</td><td>パン屋</td><td>国内</td><td>海外（輸出）</td><td>輸入</td></tr>
<tr><td rowspan="6">供給</td><td rowspan="4">中間投入</td><td>肥料</td><td>20</td><td>0</td><td>0</td><td>0</td><td>0</td><td>－20</td></tr>
<tr><td>小麦農家</td><td>0</td><td>40</td><td>0</td><td>0</td><td>20</td><td></td></tr>
<tr><td>製粉</td><td>0</td><td>0</td><td>80</td><td>0</td><td>0</td><td></td></tr>
<tr><td>パン屋</td><td>0</td><td>0</td><td>0</td><td>120</td><td>0</td><td></td></tr>
<tr><td>付加価値</td><td>雇用者</td><td>40</td><td>40</td><td>40</td><td colspan="3" rowspan="2"></td></tr>
<tr><td colspan="2">生産額（売り上げ高）</td><td>60</td><td>80</td><td>120</td></tr>
</table>

筆者作成　数値は例

関表があります。

表の肥料と小麦が交わる20は小麦農家が、肥料を需要したことを意味します。20の右下の40は同様に製粉業者が40を需要し供給者は小麦農家であることを意味します。輸入は逆需要つまり供給ですのでマイナス表示となります。小麦農家は60を生産し、需要は国内の製粉業者40と海外20になります。パンの需要は全体で120です。

2.1.2　経済成長、経済の循環

さて経済の成長はこの仮想モデルを用いると以下のようになります。経済成長の前は、それぞれに労働者が2人、計6人いるとします。この場合1人当たりの所得（GDP）は20（＝120÷6）です。次に生産性が増して、1人でも同じ小麦量を生産でき、製粉、パン製造も1人でできるとします。人がパンを食べる量は同じとすると、余った労働者3人の仕事は、野菜作り、卸、小売り（八百屋）とします。野菜120の製造のために、八百屋は卸売業者から80の野菜購入、卸売業者は野菜農家から40で購入、野菜農家は60の野菜を作るのに20の肥料を海外から輸入し、海外に20の野菜を輸出するとします。仮想経済はパンだけでなく野菜も食べることができるようになります。1人当たりの所得は40と倍になり、GDPはパン部門の120に、野菜部門の120が加わって、240となります。

この簡単な仮想経済には、付加価値とは何か、経済成長とは何かのエッセンスが入っています。経済全体として、成長するつまり所得を伸ばすには、このように付加価値あるいは生産性を伸ばすしかないことがわかります。また何かを生産するには結局原材料投入などのコストがかかります。売り上げからその投入コストを除いたのが企業や事業所などへの収入になります。この仮想経済で付加価値を伸ばすには、その投入コストを減らすか、同じ投入で多くの財サービスの生産をすることになります。

なお、表2.1.1の産業連関表では、中間投入と中間需要が、農家、製

粉、パン屋に、野菜農家、卸、八百屋の3つが増えることになります。実際の産業連関表は複雑ですが、このような原理がわかれば、国や都道府県の産業連関表を理解でき、GDPの背景となっている産業間の関係も理解できます。

2.1.3　産業別付加価値　全国と東京都　食関連

仮想経済Aの産業別付加価値は、農業40、製粉業（食品加工製造業）40、パン屋（お菓子製造）40で、比率ではそれぞれ、1/3です。これを実際の産業別にしたのが、グラフ2.1.2です。

グラフ2.1.2は東京都と全国の産業別付加価値のGDP構成比（名目）の比較です。まずは全国で説明します。製造業は全国ではその比率は最大であるものの、20.2％とそれほど多くはありません。次が卸・小売り、不動産と続きます。情報通信はテレビ、携帯、IT関連（ソフトウエア、システム）、不動産は賃貸業など、業務支援サービスはコンサル・税理士など、保健衛生・社会事業は介護・医療などです。農林水産業は全国でも少ないですが、東京都になるとゼロになっています[2]。昔は仕事のほとんどが農林水産業であったことを考えると、人々の胃袋を支える農業がこの比率で

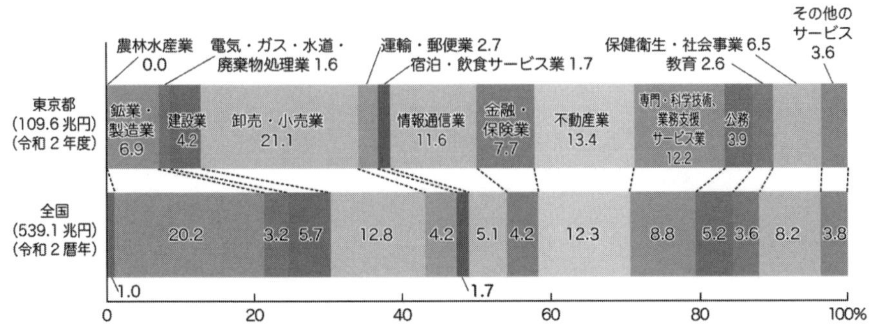

グラフ2.1.2　東京都と全国の産業別付加価値

出典：東京都HPくらし統計、都民経済計算、経済活動別（産業別）GDP構成比（名目）の比較より転載

あるのは、農業従事者の労働生産性が歴史的に増加してきたことがわかります。

首都機能が集まる東京都は、日本全体のGDPの約20％を占めています（東京都109.6兆円、全国539.1兆円）。首都での製造業は少なくなっています。工場はどうしても高層ではなく平屋で多くの土地が必要なため、地価の高い都心には立地しづらいです。卸と小売りが多いのは、消費者と近い小売りではなく卸が多いことが要因と思われます。この他情報通信、金融・保険、専門・科学技術、業務支援などが全国と比べて多いです。金融保険は企業相手の仕事が多いこと、情報通信であるテレビ局は在京キー局から全国に流しますので、その分地方よりもより多くの付加価値が生まれています。IT関連は東京に多いといわれています。これに比べて不動産は、付加価値は具体的には賃貸物件の仲介や家の売買手数料ですので、やや多い程度です。公務が低いのは、公務員が少ないのではなく、東京都は民間企業の本社などが地方に比べて多く立地していることが要因です。それから教育が低いのも、大学比率は高いものの、小中高はほぼ人口に比例しますので、公務員と同様なことが考えられます。

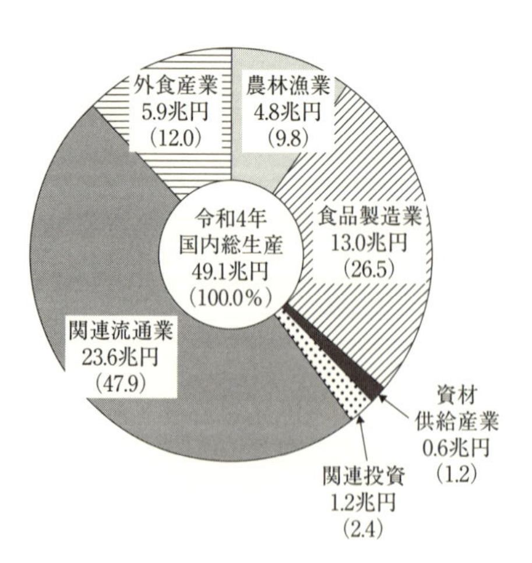

グラフ2.1.3 食関連GDPの比率
出典：農林水産省　令和4年農業・食料関連産業の経済計算（概算）より転載

円グラフ2.1.3は農業・食料関連産業のGDPベースの付加価値比率です。全体ではGDPの10％弱で、まずまずの大きさです。小売と卸の流通業の比率が約1/2で、外食産業や農林漁業、それに食品製造は大きくないことがわかります。フードシステムでいえば、農林水産業や食品製造から消費者や外食産業に渡るまでの、流通過程で付加価値が大きく、人件費などがかかっていることがわかります。

2.1.4　名目GDPと実質GDP、成長率

GDPには名目と実質の2つがあります。仮想経済Aの値を価格表示にします。パン一斤120g = 120円製造として、それぞれの付加価値は40円です。パン消費量はそれぞれ40gです。ここですべての価格が倍になり、一方でパンの製造量は120gのままとします。そうすると、付加価値、つまり所得は倍になります。パンの価格も240円と倍になり、それぞれ80円分購入します。しかしパンの消費量は同じ40gで豊かにはなっていません。このような物価変動を考慮したGDP＝付加価値を実質GDPといい、考慮しないのを名目GDPといいます。名目GDPは240円とそのまま計算します。実質GDPは基準年の物価で計算します。今回は価格変更前の価格120円で120円×1斤で、120円が実質GDPとなります。名目は倍でも実質は同じです。

実質所得と名目所得の違いも同様です。賃金が倍になっても物価も倍になれば、購入できる量は同じですので、実質所得は同じになります。野菜、お菓子、飲料の価格が2倍になれば、お金は2倍必要となるからです。

GDPは変化率で示されることが多いです。2024年の実質GDPの変化率つまり成長率は、

$$\text{実質GDP}_{2024}\text{成長率} = (\text{実質GDP}_{2024}\text{の増加量}) / \text{実質GDP}_{2023}$$
$$= (\text{実質GDP}_{2024} - \text{実質GDP}_{2023}) / \text{実質GDP}_{2023}$$

と定義されます。名目も同様です。たとえば2026年の名目GDP＝名目GDP_{2026} = 520兆円、名目GDP_{2025} = 500兆円とすると、2026年の名目GDP成長率＝（520－500）/500 = 20/500 = 4％となります。物価が安定

していることきはこの相違は、意識することはありませんが、上昇あるいは下落しているときは、実質の数値は意義があります。

実質 GDP を y、名目 GDP を Y、物価（正確には GDP デフレーター）を P とすると、一般的には、Y = Py の関係になります。この式は変化率（成長率）で表すと、

名目 GDP 成長率＝物価変化率＋実質 GDP 成長率

となります。下の表 2.1.4 は主に日本のコロナ以後の、3 つの変化率（%）を表しています。コロナ発生時はマイナスになっていますが、以後持ち直しています。2023 年は、名目（5.7 %）と実質（1.9 %）が特に大きく乖離

表 2.1.4　コロナ後の GDP、民間消費支出

		国内総生産	民間消費支出	物価上昇率
2023 年	実質	1.9	0.6	3.8
	名目	5.7	3.7	
2022 年	実質	1.0	2.1	0.3
	名目	1.3	4.9	
2021 年	実質	2.1	0.4	−0.2
	名目	1.9	1.0	
2020 年	実質	−4.3	−4.7	0.9
	名目	−3.4	−4.3	

4 年間計	実質	0.7	−1.6	4.8
	名目	5.5	5.3	

4 年間計（アメリカ）	実質	8.1	10.8	19.0
	名目	27.1	28.7	

総務省統計局、IMF：World Economic Outlook より筆者作成

しています。この年は円安や資源価格の高騰で、物価が上昇しています。それでも実質は上昇しています。消費支出も名目と実質の値があります。4 年間を合計したのも入れています[3]。名目 GDP ではコロナ前を超えていますが、実質ではようやく 3 年かけて多少超えたことがわかります。また消費支出は名目ではプラスですが、実質ではマイナスで依然としてコロナ前を超えていません。生活実感ではこちらの方が近いでしょう。

この表の一番下はアメリカです。実質ではこの間、8.1 %と力強い成長をしていて、さらに名目ではなんと 27 %と高率で、インフレ（物価上昇）率はさらに高いことがわかります。わずか 4 年間で物価が 1/4（25 %）以上上昇したことになります。この高いインフレ率を抑えるためにアメリカは現在高金利政策をしています。さらに日本から見ると、円ドルの為替レートは 1 ドル 110 円から約 150 円（2024 年 8 月）になっていますので、アメリカの物価そのものが上昇していなくても、円換算すると、為替だけの要因で、（アメリカの物価 / 日本の物価）は、1.36 倍（150/110）になります。さらにアメリカの物価自体が 19 %上昇していますので、結局アメリカの物価は円で約 1.62 倍（1.36 × 1.19）になります。日本人がアメリカに行って物価高に驚き、逆にアメリカ人が日本に来て物価の安さに驚くのは、このような理由です。物価が同じになるような為替レートを、実質為替レートといいます。日米の物価差は約 14%（19 − 4.8）ですので、1 ドル 110 円を基準とすると、実質為替レートは 1 ドル約 95 円となり、このレートなら日米の物価差はかなりなくなります。

2.1.5　1 人当たり GDP、1 人当たり付加価値

生活水準になると、1 人当たりの実質 GDP が指標になります。これは、1 人当たりの実質 GDP ＝実質 GDP/ 人口で示されます。さまざまな国の通貨をドル換算しますので、円安（ドル高）になると日本の値は下がります[4]。この為替の要因を除いたのが 1 人当たり購買力平価 GDP で、その

指標では1位がルクセンブルクの14万ドル、2位がアイルランドの13万ドル、アメリカは9位の8.1万ドル、ドイツが6.5万ドル、日本が38位の5.2万ドルです（IMF2023年）。なお、変化率、つまり成長率は、

1人当たりの実質GDP成長率＝実質GDP成長率－人口増加率

になります。同じ期間に日本の人口は約－1.8％減少しています。このため、2020年～2023年の1人当たりの実質GDP変化率＝0.7％－（－1.8％）＝2.5％で、全体の実質GDPの成長率よりも1人当たりなら人口減少国は、多少改善されます。一方アメリカはこの期間、人口が約2％増えていますので、1人当たりでは6.1％（8.1－2.0）となり、人口の増減を考慮しない場合の、0.7と8.1が、2.5と6.1ですので、差は多少縮まります。

グラフ2.1.5は1人当たり名目GDP推移の国際比較です。国際比較ではよく使用されるグラフです。リーマンショック後の2011年、日本はアメリカやドイツとそれほど差がなかったのが、その辺りをピークに、2022年にはこのときよりも30％も減少し、韓国とは差があったものが同じようになっています。一方この間（2011年～2022年）日本の実質GDP（円ベース）では7％以上増加しています。この差は、アメリカの方がインフレが進行していること、日本の成長率が他国よりも低めであったこと、さらに円安（ドル高）が進行していること、などが要因です。

2022年はアメリカと中国を除いた3ヶ国は低くなっています。これはドルが対円、対ユーロ、対ウォンに対して、高くなって、名目上の円、ユーロ、ウォンが低くなっているためで、自国通貨表示のGDPは下がってはいません。このように国際比較はドル表示になりますので、為替レートに影響されます。通常インフレ率の低い国の通貨は高くなるのですが、日本の低（ほぼゼロ）金利政策の影響などで、逆の円安になっています。

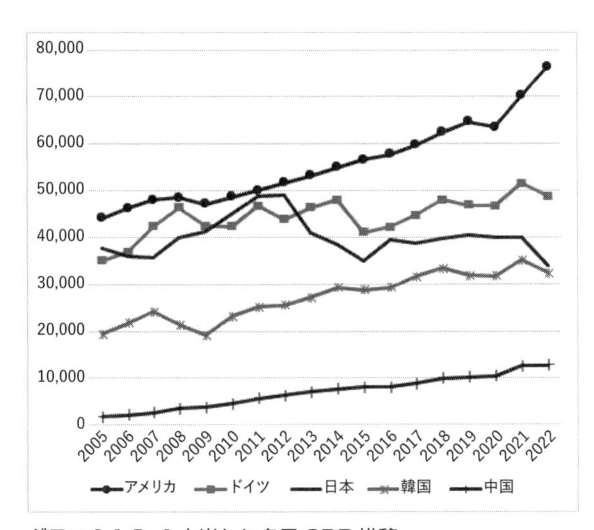

グラフ 2.1.5　1人当たり名目 GDP 推移
出典：内閣府 GDP の国際比較より筆者作成（縦軸はドル）

海外旅行に行くと、この相違を直接実感します。また国内にいても輸入物価の上昇＝消費者物価の上昇となって、間接的に実感します。

表 2.1.6 は 2022 年の1人当たり名目 GDP です。現在戦争中のロシアはそれほど高くはありません。ブラジルやインドは成長していますが、まだまだ低いです。

表 2.1.6　主要国の1人あたり GDP（2022 年、ドル）

アメリカ	ドイツ	日本	韓国	中国	イギリス	イタリア	ロシア	ブラジル	インド
76, 291	48, 718	34, 064	32, 423	12, 720	45, 568	34, 733	15, 271	8, 918	2, 411

出典：内閣府 GDP の国際比較より筆者作成

1人当たり付加価値（GDP）を労働生産性ということもあります。内閣府の調査[5]では外資（外国資本、日本における外国の会社）の労働生産性は、国内企業よりも 28 ％高く、賃金は 40 ％高いというデータがあります。日本の低成長は労働生産性の低迷にあり、その一要因として、外国からの投資が他の先進国と比べて少なすぎることが、挙げられています。これらも含めて有効な投資による企業活動の活性化が必要です。

なお、国際競争力指数では、ビジネス、政府、インフラの項目があり、いずれも順位を落としています[6]。政府の国際競争力はあまり議論されることはありませんが、役割は、適切な法整備、許認可制度、租税政策、財政、効率的なインフラ整備などです。ニュースでは、法律違反のときだけはコンプラ違反として問題にされて、その元の法律や規則などのへの批判は、ハードルが高いせいか、あまりされません。立法府（国会）の役割と関係していて、ニュースの質向上が必要でしょう。

この他、生産年齢人口（15－64歳）当たりのGDP成長率が、日本はG7諸国では最も高かった（年平均1.49%、2008－2019）という研究があります。日本の生産年齢人口が総人口よりも減少していることから「GDP/(生産年齢人口)」は、通常の「GDP/(総人口)」よりも増えます。ただしこの間雇用者は、女性や高齢者を活用して増えて、一方労働時間は減少しています。詳細は省略しますが、労働時間当たりのGDP成長率の指標が比較的合理的です。この指標ですと、日本の成長率はほぼG7の平均になります。近年通常の日本の1人当たりの名目GDP成長率はG7ではかなり低いものの、人口と労働時間減の要因を考慮すると、そこまで悲観的になる必要はないと考えられます。

2.1.6　GDP三面等価

これまでは付加価値（生産）面を中心に説明していましたが、GDPには、分配面、支出面があります。この概念図は図2.1.7です。流れとしては生産（付加価値）⇒分配（所得）⇒支出（需要）⇒生産⇒分配・・になります。所得は、主に雇用者報酬（賃金）と企業所得、それに減価償却費（固定資本減耗）の3つになります。支出は主に消費と投資の2つになります。賃金を高くするには労働生産性＝付加価値生産性を高める必要があります。分配で企業側が賃金支払いを多くする方法もありますが、それは分配つまり付加価値の分け前であって、限界があります。賃金を増やして、企業の収益を減らすと、投資ができなかったり収益が減って経営上の問題が生じ、結果賃金が減少したり解雇の可能性もあります。結局全体の付加価値を高めるのが持続的です。

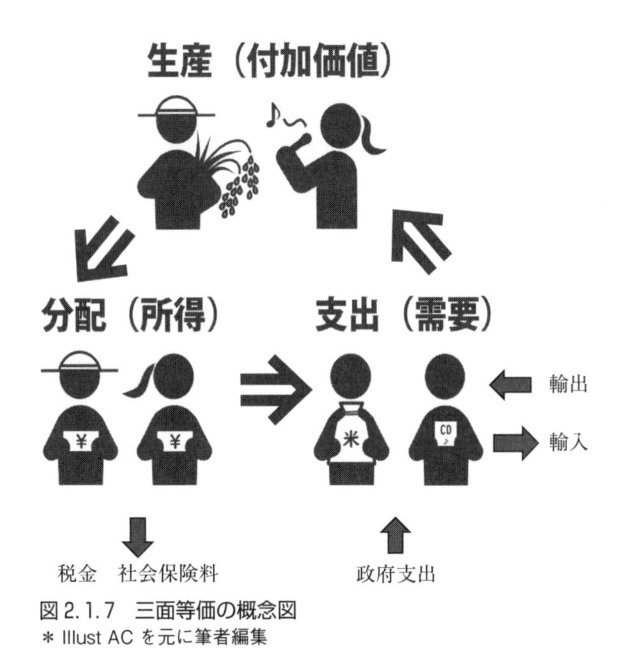

図2.1.7　三面等価の概念図
＊Illust ACを元に筆者編集

いずれにしても労働者は付加価値で得られた所得を、生産した財サービスの購入に使用、つまり需要あるいは支出します。得た所得を支出しないとどうなるでしょうか。せっかく作った野菜やパンが売れなくなり、収入も減ります。日本ではあまりいわれませんが、「消費は美徳」（アダム・スミス）、あるいは「消費は社会貢献」といえます。一般に社会貢献は倫理、環境などと関連しますが、経済は循環していますので、その流れを止めることは、他の方あるいは自分の首を経済的に絞めることになります。浪費を戒める、節約・倹約の精神は、仏教的であり、お金の無駄遣いを避けるという点では正しいですが、消費をしないと経済が回らなくなる面があることを忘れてはいけません[7]。

さて図の分配から下に出ている矢印の税金は政府や地方自治体の課税（法人税、所得税、消費税）、社会保険料は年金や医療で、その分支出（需要）は減少します。政府は税金と社会保険料の財政収入と国債発行を基に、さまざまな項目（教育、警察、国防、インフラ整備、年金）に支出します。これは政府支出で需要の注入になります。輸入は海外の財サービスを購入し、日本国内での財サービスを需要しませんので、需要の漏れといいます。一方輸出は海外からは日本の財サービスを購入しますので、新たな需要の注入です。

輸入が悪、輸出は善、課税は悪、政府支出は善のように、この図からは見えます。確かに、支出の増加は生産を促し、いわゆる景気によい影響をもたらすことがわかります。しかし、供給には限界があります。今のように人口減少、生産年齢減少なら、余計にそうなります。結局、経済の潜在的な供給能力と実際の需要とを比べた「需給ギャップ」が鍵になります[8]。経済の潜在的な供給能力の増加率を潜在成長率といいます。長期的には潜在成長率を高めることが必要です。輸入は、日本で生産できないものやできてもコストが高いものを安く購入でき、メリットがあります。課税と政府支出は本来はリンクするもので、財政（政府）支出でGDPを押し上げるのは、需給ギャップが大きいときは必ず有効といえますが、ギャップが小さいときかを精査するべきです。なお選挙のときは、需給ギャップが小さくても、どうしても景気対策が採用されやすくなります。景気対策はマクロ政策で短期的、潜在成長向上（生産性上昇）政策は長期的でミクロ政策です。

2.1.7　幸福度、ウエルビーイングと所得

経済学は人々の幸せを願っていて、幸福も分析します。幸福度を上げるためには、時間を上手に使う、人生をより良きものにする（努力を続ける活動、物よりもコト消費など）がいわれています。欲望にはきりがないことと関係し、物の消費は慣れてしまう側面があって、物の消費だけでは幸せになれません。仏教の「足るを知る」です。コト消費は、人とのつながり、動植物を育てる、持続的な趣味・特技です。買い物でも食品スーパーや通販ではなく、ときどき対面販売の小さなお店や専門店での買い物をして、長い付き合いのできるコミュニケーションがあるほうがよいことになります。安さだけでは判断しない方がよいでしょう。なお、幸福度と関連して、最近はウエルビーイング（Well-being）が注目されています。幸福を含

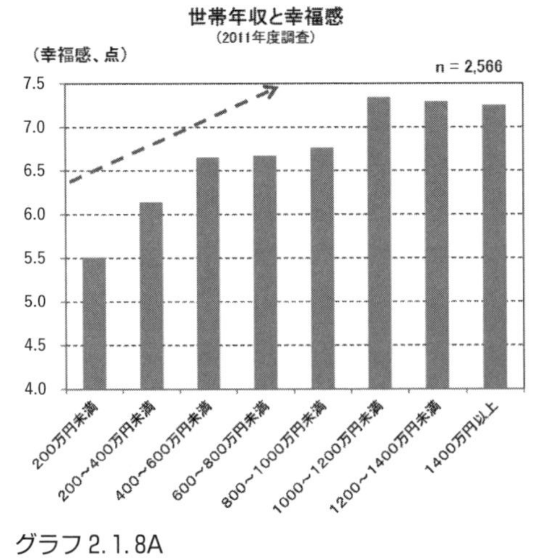

グラフ 2.1.8A

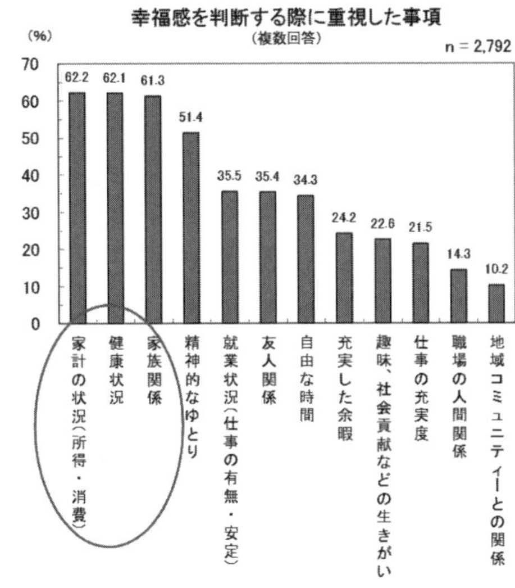

グラフ 2.1.8B
出典：内閣府人々の幸福感と所得について（中長期、マクロ的観点からの分析②）より転載

む広い概念で、良い（well）状態（being）の構成要素には、ポジティブ感情、達成、物事への積極的な関わり、他者との良い関係があります。

グラフ 2.1.8 は、世帯年収と幸福感の関係（2.1.8A）と幸福感を判断する際に重視した事項（2.1.8B）です。グラフ A では、世帯所得が上がると、幸福度（10 点満点の主観的調査）が上昇するものの、1200 万円を超えると、減少気味になっています。日本以外の国々の調査でも同様な傾向になっています。所得が上昇しても維持ならわかりますがなぜ下がるかについては、よくわかっていません。次のグラフ B ではアンケートの回答時に重視した事項で、所得・消費、健康、家族関係が同じ比率で並んでいます。就業関係は上位に位置しています。自由な時間、ゆとり、趣味は、上述した項目と関連しています。この内閣府の資料には、幸福感を判断する際に重視した基準として「自分の理想との比較」、「将来への期待・不安」がありました。「お金は重要ではあるがお金だけではない」ことを頭の隅においていただければと思います。

2.2 企業活動　費用、規模の経済、競争環境

付加価値は、前の節では、投入コストに対しての収益であると説明しました。この節では、企業活動を具体的に分析するために、喫茶店などを事例に、費用、売り上げ、収益を詳しく説明します。投入費用は固定費と変動費に分かれること、企業の顧客数が一定程度ないと、付加価値が生じないこと、固定費によって企業あるいは事業所の規模が決まり、大企業が必ずしも有利でもないことを示します。通常企業というと、従業員が多くいる組織的な企業を指しますが、経済学では「財サービスを生み出すところ」になり、個人経営の店や場合によっては家庭の家事サービスまで入ります。ただしGDP統計では、家事サービスや、麻薬などの闇経済は入りません。

2.2.1　固定費・変動費・損益分岐点――喫茶店を事例に

費用は2種類に分類されます。固定費と変動（可変）費です。前者は、財サービスの生産（提供）量とは関係なく、後者はそれと比例します。喫茶店では、前者は厨房や内装の設備費用、家賃、従業員の人件費で、後者はガス水道代、食材費などです。

以下喫茶店を数値例で考えます。開業時、店の改装費、外装、内装、家具、コーヒー抽出機械、陶器などで1000万円、2人のアルバイト代で1ヶ月で30万円、その他家賃や光熱費などを同10万円とします。1000万円は借金をしていて、借金の返済は利子も含めて、1ヶ月10万円、年間120万円、10年で返済するとします。このとき総固定費は、1ヶ月50万円（30＋10＋10）になります。客が支払う平均金額を客単価といいます。客単価を600円、客1人当たりの食材費用を100円とします。100円にはコーヒーの豆代、水、その他飲料の材料費です。総費用は客数をxとすれば、

固定費＋変動費で、50万円＋100円xです。一方総収入は、600円xです。支出と収入が同じになる客数を、損益分岐点の客数といいます。損益分岐点は、総費用＝総収入となる客数x、すなわち、

50万円＋100円x ＝ 600円x

です。この式から、x ＝ 1000人となります。1ヶ月で20日間営業するとして、1日50人の客がこなければ、この店は赤字になります。1日50人が厳しいとすれば、アルバイトを雇わず自分で店に立つと、アルバイト代30万が減って、固定費は20万円になります。このとき、20万円＋100円x ＝ 600円xから、x ＝ 400人で、1日20人が損益分岐点となります。ただしこのとき自分の給料はゼロです。

収益を出すには食材費を削る方法もありますが、減らすと質も低下します。店の改装費を減らして、中古を用いたり自分でDIYの方法もありますが、これも質の低下に気を付けないといけません。あとは客単価を増やすことは有効ですが実現にはいろんなハードルがあります。円安などの影響で、食材費が2024年は高騰しています。このアルバイトなしの数値例で食材費が200円に上昇したとすると、値上げをしないと、損益分岐点の人数は、20万円＋200円x ＝ 600円xから、x ＝ 500人になります。客数が800人と多ければ何とかなりますが、客数がもっと少ないと赤字になります。かといって安易に値上げをすると、客数が減り、逆に売り上げが落ちることもあります。仮に値上げ比率を、所得の名目の上昇率まで上げると、対所得比率では同じですので、需要が減らないことがあります。この他その地域の景気の状況にも左右されます。また、豆の仕入れ単価を下げるために焙煎機を購入する、決済を手数料の安い方法や現金に変える、などの経営努力があります。決済手数料は売り上げの３％を超えることもあり、売り上げから食材費・人件費などの費用を除いた利益率が５％もな

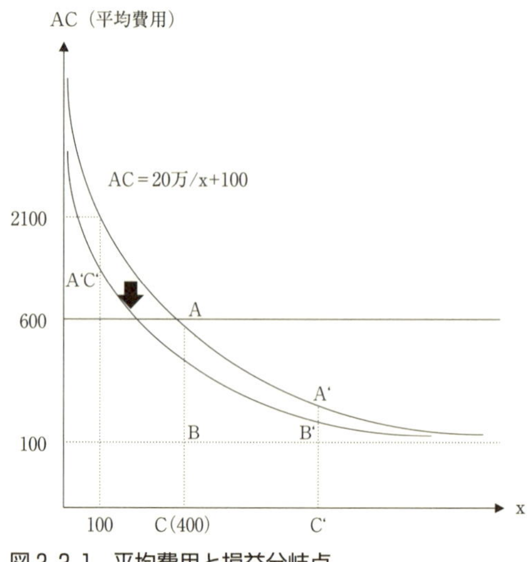

図 2.2.1　平均費用と損益分岐点

いことが多い中で、3％の手数料は大きいです。

経営を考えるときに、平均費用の概念は役に立ちます。図 2.2.1 は平均費用と損益分岐点を図示しています。横軸は客数、縦軸は平均費用です。平均費用（Average Cost、以下 AC とします）は、総費用÷客数（x）で、固定費 20 万円に対し、AC ＝（200000 ＋ 100x）/x ＝ 20 万 /x ＋ 100 です。図にあるように x ＝ 100 のときには AC ＝ 2100、x ＝ 400 のときには AC ＝ 600 になります。20 万 /x が固定費相当分で、客数が増えれば増えるほど固定費相当分が減少し、平均費用が安くなります。これを規模の経済といいます。図の平均費用（AC）曲線と平均単価（収入）600 円の交わる A 点（x ＝ 400）が損益分岐点です。図で、BC は 100 円で変動費、AB は 200000/400 ＝ 500 で固定費相当分です。売り上げが C' まで拡大すると、固定費分は、A'B'（＜ AB）まで下がります。変動費は同じ 100 ＝ BC ＝ B'C' です。

固定費そのものが下がると、AC 曲線は A'C' と下にシフトし、損益分岐点の客数は下がり経営は楽になり、小さい企業で需要者が少なくても黒字になります。逆に固定費が上がると、AC 曲線は上にシフトし、損益分岐点の客数は上昇し、経営は苦しくなります。ただし有効な設備投資であれば固定費が上昇しても客数が増えて、逆に経営が楽になることがあります。

例えば多くの人々への映像配信なら昔はテレビ局が独占していました。

テレビは電波の認可を受けて配信しています。配信にはテレビ局の建物、高額の映像音響機器、多くのスタッフ、電波の送信施設が必要です。ところが最近のインターネットの普及で、自分で映像を撮り、そのままでも配信できます。この場合の固定費はわずかなもので、しかも内容がテレビ局よりも面白いこともあり、さらに見たいときに見られるようになっています。音楽を入れるなどの編集時間は固定費ですが、客つまり視聴者と比例する配信費用はネットにアップしてしまえばゼロです。固定費が下がった要因には映像を比較的安い機種、最近はスマホでも、ある程度の品質が確保されるようになったこともあります。映像配信の固定費が下がることによって、映像配信への参入コストが下がり、多くの人が参入できるようになりました。結果既存のテレビを前よりも見なくなって、CM収入が減り、テレビ局の地位が下がってきています[9]。

この他大学の統合は固定費である大学の管理費（経理、総務、教務、システムなど）を共有できますので、コスト削減になります。銀行の合併も同様で、資金決済システム費などの固定費の共通化ができます。例えばシステムが、年間100億円の固定費であれば、共有化すれば、半額にできます。外食チェーン店であれば、メニュー開発、店舗運営のノウハウ構築費用などの固定費を、共通化できます。たとえば100億円の固定費を、100店舗よりも500店舗で分けると、一店舗1億円から0.2億円にまで減らせます。コンビニも同様です。

通販と実店舗の関係も固定費で説明できます。実店舗は販売費用として店舗、従業員、実商品の展示、などが必要です。通販はその費用がないので同じ売り上げであれば安くなります。ただし実店舗でも、販売面積当たりの売り上げが大きいと、つまり購入する客数が多いと、通販よりも利益は出ます。実店舗はコスト的には不利でも、実際に見て触れる、家電や服に詳しい店員の意見が聞けるなどの通販に対する優位性と購買客数を確保できれば、通販に十分対抗できます。

2.2.2　規模の経済と企業や事業所の大きさ

（食関連）

食製造企業の場合はどうでしょうか。写真はイタリアのお菓子製造工場の一部です。手前で小麦粉と水などを練ってそれを、ベルトコンベヤーで引き上げて、それを細かくして、焼き工程になるところです。昔はこれを人手（手作り）で行っていました。縦横それぞれ20m程度の工場でそれほど設備は大きくはありませんが、世界にも輸出しています。一方自動車工場や発電所は莫大な設備投資が必要です。さらに、これまで説明していなかった固定費に、開発費用があります。新薬の開発には数百億円かかる、ともいわれています。薬の価格、薬価は、開発費用は製造原価に匹敵するという推計もあります[10]。食関連の商品は自動車と比べて、単価が低く大規模生産しても、そこまでのコスト減は望めないことがあります。

イタリアのお菓子工場　筆者撮影

食品の小売りはどうでしょうか。規模を大きくできますが、例えば東京ドーム位の大きさの食品スーパーでは広すぎて買い物時間が増えます。実際コンビニでも食品スーパーと同様な商品が、多少高くても売られているのは、家からの近さと店が狭いので買い物時間が短いことが、メリットで消費者が購入します。

外食産業ではチェーン店があるものの、一方で個人経営の店も多数存在します。これは一般的には規模と料理の質が正の関係ではなく、むしろおいしくなればなるほど逆の関係になることが関連します。調理ではいくつかの工程で、加熱時間、調味料の量などが食材によって微妙に変わります。またピザやパンでも生地練りの方法で変わります。これは質の高い料理になるほど顕著になります。有名なレストランでも、もう１つ店舗を増やすだけでも、優秀な職人やマネージャーの確保が課題となります。チェーン店はマニュアル化され、職人でなくても作れるように設計され、キッチンがない場合もあり、このようにすれば店舗を増やせます。

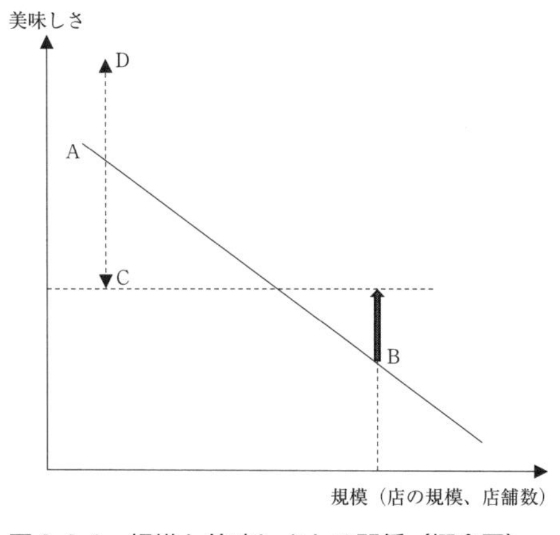

図2.2.2　規模と美味しさとの関係（概念図）

図2.2.2はその関係を示したものです。Aは１店舗だけの場合の平均、Bは多店舗のチェーン店です。量的拡大はどうしても質の低下を招きます。Bからの太い矢印は近年の回転寿司で、初期の頃に比べて品質が年々向上していることを表しています[11]。この右下がりの直線が規模ごとの平均を表しています。１店舗でも味は大きく異なります。図ではDからCまで品質に差があります。この結果Cの寿司店は、品質が向上した回転寿司チェーンに並ばれて、価格競争力などから廃業に追い込まれることを図で示しています。なお、食品関連企業の規模に関しては、第７章の表7.3.5で詳しく説明しますが、外食産業の規模が低いことがデータ上でも確認されています。

（家庭の調理、生活）

家庭の調理や生活にも規模の経済は存在します。調理では、買い物時間、キッチン、調理器具、食器などが固定費になります。変動費は食材費や水道代などになります。１人分作るのと複数人分作るのであれば、１人当たりの調理時間や固定費も含めた平均費用は、人数が増えるほど下がります。お米を炊飯器で炊く場合でも、１合と３合であれば、時間は３倍かかることはありません。鍋や煮物も同様です。買い物時間も人数が3倍になっても3倍になることは通常ありません。台所の、冷蔵庫・レンジ・コンロ類も、同様で、家族の人数が3倍になっても、3倍の価格の電気製品を購入することは通常ありません。1人暮らしと大家族では、外食のコストは人数分必要ですが、自宅でのコストはそうはならないので、大家族の外食費用は自炊よりも、1人当たりでは割高になります。1人暮らしでは、外食費用は相対的に下がり、外食に行くことが多くなることが予想されます。

生活でも同様です。トイレ、洗面、バス、キッチン、冷蔵庫などは、1人でも大家族でも必ず必要です。通常家族の人数が増えると、多少は大きくなりますが、人数と比例して大きくなることはありません。この結果1人暮らしは割高になります。家賃はこのようなことを反映して、面積と比例になることはありません。トイレ、洗面、バス、キッチンなどを共有化しているシェアハウスはこの固定費の部分を共有し、割安にしたものです。逆に新築の家は、家の居住面積が小さくなると、この固定費部分は必要ですので、$1m^2$あたりの建築単価は高くなる傾向にあります。

（規模）

規模を無限に大きくして、費用を低減できるのかといえば、そうでもありません。たとえば、大学は規模が拡大すると総務、経理などが共有され、大家族と同様に効率的になります。しかし規模の拡大は多くの学生を受け入れますので、組織が大きくなって多キャンパス化すると、組織内でのコミュニケーションが希薄になってデメリットが生じます。最適な規模は1万人未満であるという研究があります。この他拡大するにはそれに見合う労働者や職人を確保できるか、農業なら効率的にできるように連続した農地を確保できるかの課題があります。

以上は生産者や供給側の問題です。一方で需要者が存在するのかの問題があります。生産を拡大して低コストで生産できても需要がなければ、超過供給となって、値崩れして儲からなくなります。一方輸出は需要者を世界的に広げることができます。日本の自動車メーカーでは、国内で生産した車のうち７割以上を輸出している企業もあります。世界の工場ともいわれている中国は、自国生産したり組み立てたりしたものを世界中に輸出しています。

2.3 資本、設備、投資 人との代替

付加価値や規模の経済と密接に関係するのが設備です。生産性を向上するには、つまり労働者１人当たりの付加価値を上げるには設備は不可欠です。人類は昔から何らかの道具を使ってきました。石器時代は石を尖らせたナイフを使っていました。今は道具とはいわずに設備といいますが、機能的には同じで、１時間働いても、生産性が道具によって伸びるという点では同じです。人手不足といわれているときは、設備投資によって、人を代替させて、労働生産性を向上させます。

2.3.1 資本、設備

設備は何年も使用可能です。経済学では、設備を資本と呼び、長期間使用できる資本に生産量が依存します。なお、最近では物つまりハードへの投資ではなく、IT・AI などソフトへの投資が盛んです。スマホやパソコンでも、その性能はスペック（処理速度など）だけでなく、中に入っているアプリによってパフォーマンスが左右されます。

林業ですと、大型の切削機械は生産性を向上させます。これが貧弱なのこぎりですと１人の労働者が切れる量は減ります。農業なら、稲の刈り取り機が設備になります。漁船ですと、船だけでなく、魚群探知機、冷凍庫などです。喫茶店なら、厨房、コーヒーを淹れる機械、家具、内装などが設備になります。自動車工場なら、組み立て機械、溶接、塗装機械になり

ます。これらの設備は使用していなくても年々劣化します。これを経年劣化といいます。経年劣化は使用していなくても進みます。中古車の価値は走行距離だけでなく、製造年にも依存し、走っていなくても劣化は進みます。これらも含んだ設備の価値を資本ということもあります。この資本は経年劣化を考慮した設備の金額で、10年間使用できる100万円の設備は、5年経過すると50万円が資本（の価値）になります。

日本の資本の価値は1000兆円といわれています。労働者1人当たりの資本を資本装備率といって、

$$K/L$$

で表します。Lは労働者数、Kは資本、あるいは資本ストックです。時代とともにこの比率は増加していきます。石器時代なら資本は石や木片などですので、この値は極めて低いです。一方現代でも、農業ではアメリカと発展途上国ではこの値は相当違います。写真はアフリカの運搬機です。引くのはロバです。昔の日本も牛や馬で引いていましたが、今は軽トラでスピードや運べる量はかなり違います。アメリカの農業はもっと大きくて高額の機械が使用されています。なお、日本の資本装備率（K/L）は結構高いものの、資本当たりのGDP、つまりGDP/Kは、資本効率といってアメリカと比べると低いです。

小規模農家と共に歩むアフリカ農業支援
出典：日本財団

2.3.2　人と資本の代替、生産方法

身近に利用する電車は、かつて改札は有人で人が切符に穴をあけていま

した。切符も人が販売していましたが、それが自動切符の機械になり、それも最近は減少して、交通系ICで通過できるようになってきました。駅はどんどん無人化しています。駅の自動改札機など機械は設備で、人の仕事を代替してきています。人の仕事はなくなるのでしょうか。電車の場合、切符の確認であれば、機械でもでき、かつ人件費と比べてもコストが安いので、導入すると考えられます。例えば自動改札機が1台800万円とします。この改札は、1日の稼働時間が18時間、365日間稼働するとすれば、労働者は休みなく毎日18時間働けませんので年間3人必要とします。仮に1人500万円年間支払うとすれば、労働コストは1500万円ですので、すぐに800万円の元が取れます。

このような省人化の設備投資によって、コストを削減できて1人当たりの付加価値すなわち労働生産性は上昇し、賃金を上げる余力が出てきます。発展途上国ではなかなか機械への代替が進んでいないのは、労働コストが安いため、機械化の方がコスト高になります。実際にはメンテナンスが不十分で、すぐ稼働できないということもありますが、上記の事例ですと、給与が年間1人20万円なら、導入すると損になります。結局労働コストとの兼ね合いです。

パンやピザですと、業務用の生地練り機械が50万円とすると、導入に

機械練り
出典：モノナビHPパンこね機

生地練
出典　illust AC

よって得られるメリットは、生地を練る時間の短縮で人件費が削減できることと、力仕事が減るということです。品質が機械によって落ちるということはありません。写真とイラストは小麦粉を練るときに、機械と人を比較したものです。家庭での調理や、パン屋でも練習で、手で練るときがありますが、業務用で大量になると効率はかなり異なることがわかります。

2.4 需要面：ポジショニング、差別化、競争環境、何をどのように売るのか

これまでは、企業の財サービスの生産活動に焦点を当てていました。しかしどんなに効率的に運営しても、製品が貧弱あるいは既にほかの企業が市場を支配していまさら参入しても、十分な売り上げが期待できないことがあります。この節では、需要側との関係に焦点を当て、売れるか否か、あるいは収益を確保できるかの問題を扱います。

2.4.1 同質財と異質財

同じ財でも、ほぼ同じ品質で区別がつかないのを、同質財といいます。ミネラルウォーターでは一般消費者にはほとんど同じ味に感じる商品があります。電化製品でもテレビの画質、炊飯器の味の相違、に関してその相違がよくわからず、何を買っていいか迷うときがあります。会社が異なれば、どこかは違いますので、厳密にいえばすべては異なります。しかし購入者が、違いがわからないのであれば、同質財になります。消費者が違うと認識すれば異質財になります。付加価値の視点からはどちらがいいのでしょうか。基本は人間の顔がすべて異なるのと同様に、従業員や企業の特徴が出せるような異質財のほうが、その商品の存在意義を発揮できます。それぞれの企業の歴史、生い立ち、設立した場所などがあって、それに応じて価値観も異なり、結果財サービスも異なるはずです。

一般的に同質財であれば、価格のみの競争に追い込まれます。同じ店で同じように売られていますので、判断材料は価格のみになり、安いほうの

商品を買います。これでは高価格をつけることは困難になります。利益が出るぎりぎりまで値下げ競争に追い込まれます。価格以外に消費者や顧客に魅力を訴求すれば、価格競争に追い込まれません。その競争を非価格競争といいます。一方で消費者や顧客の好みや流行があります。それと異なる自己満足的なのを作って売っても、需要がないと企業が成立しません。一方企業は、真似をして追随することはあります。似たような財が多くなる背景には、この追随することが要因です。企業のブランドや技術力があると、追随して、同様な価格にしておけば売れます。逆に、高級アイスやスイスの時計など、他社の追随ができない製品を作る企業は強いです。

2.4.2　差別化

異質財戦略は差別化でもあります。他社との相違を明確にして、異質な財サービスを提供することです。この相違にはさまざまな側面があります。競争環境は、同様な企業やお店がどんな財サービスを提供していて、それに対する自分の企業はどのような、競争力、相違をもっているかになります。それを優位性ということもあります。ブルーオーシャン市場は競争相手のいない市場で、ここに進出できれば有利になり、収益も出しやすくなります。逆はレッドオーシャン市場で、ここでは競争相手が多く、少しでも品質が悪いとか、価格が高いと売れなくなります。

ブルーオーシャン市場であっても、追随する企業があれば、市場はレッドオーシャン的になります。もちろん先行者利益は一時的にあります。あるいは先に市場を制すると、その地位が長続きすることもあります。他社が追随できないような差別化が望ましく、収益率や付加価値を増加することにつながります。差別化に欠かせないのはブランドです、スイスの高級時計は、中には1000万円を超えるのもあります。時計の機能である正確な時間表示だけであれば、1万円も出せば十分です。「ノンブランド品」という言葉がありますが、これは、知らない会社でも十分で、その意味で、差別化がなされず、同質財になります。

お土産のお菓子を例にすると、その地域独自のお菓子は確かにあることはありますが、味や形が他と似ているのは数多くあり、普通の美味しさであれば、買う意義があるのか疑われます。味の他、ネーミング、容器、包装、それに由緒や無農薬なども差別化の方法です。なお、よく手作りとかいいますが、手作りへのこだわりだけでは、珍しくもなく高収益化は難しいです。レストランや喫茶店を出店するときには、周辺の店を調べて、どんな独自性を持たせるかの戦略が必要です。起業するときには、特にその独自性や何に競争上の優位な差別化を行っているかは重要です。

2.4.3 ポジショニング

差別化戦略と関連して、ポジショニングがあります。レストランや喫茶店では、立地予定場所の周辺にどのような消費者や住民がいて、既存の店舗はどの層をターゲットにしているのかなどを調べます。顧客は多様で、その中で、新規の店では誰をターゲットにするのか、業界の中での位置づけを、ポジショニングといいます。チェーン店ならポジショニングはわかっていますので、それと適合するかどうかを検討します。田舎の方では距離があっても、都会の人をターゲットとしたあるいはそのような人にも訴求できる飲食店があります。写真はその例で、客はドライブも兼ねて田園にある古民家の雰囲気を味わえます。

右の2階建ての古民家が蕎麦屋
出典：そばんち　instaより

ポジショニングがなぜ必要かといえば、レストランや外食では、店のグレードがあって、同じ店で、ファーストフード的な店と、じっくりと料理を2時間以上かけて味わう店は混在できません。車では同じトヨタ自動車でも、高級ブランドのレクサスがあって、通常のトヨタの販売店と異なるレクサス店で販売しています。販売網を別にすることで、客層に応じた対応が可能となり、ライバルの外車と競争できます。ユニクロは、低価格高機能のポジショニングで、これに対し低価格ファッション重視の企業もあります。食品スーパーでも、高所得層が住んでいる地域では、高級志向の店も出てきています。

ほとんどの商品の質は多様です。部品では医療や航空機はかなりの精度を求められます。食品では需要のばらつきが大きくこのため質も異なります。美味しさを求めるのであれば、食材もそれなりのものが必要です。顧客の選好が異なりますので、市場が分割されていればいるほど、ポジショニングは必要となります。市場の分割をセグメンテーションということもあります。ポジショニングは、会社の理念や、伝統さらには国や地域の文化と関係することがあります。すべての人のためにということで、お金がない人でも消費でき、高級志向でなく、「安かろう悪かろう」としないことを目指す北欧の企業があります。会社の理念が明確であれば、ファンを獲得し、新たなポジショニングを作り出すことも可能です。

2.4.4　競争上優位の源泉

各企業の他社との競争上の優位性は何か、あるいは課題が何かは、意識しておく必要があります。

1つ目は自然に由来する優位です。農産物は典型的です。気候の向き不向きは、工夫や技術だけではどうしようもありません。小麦産地に多くの水が必要なお米を作付けするのは無理があります。ただし近年は種子や技術の向上で、自然環境の相違を克服でき、アメリカやオーストラリアでもお米を作っています。日本におけるワインもそうで、ブドウの生産には日本の湿潤な気候は不向きですが、日本ワインは評価されつつあります。不便な田舎への立地は、先ほどのそば店のように、優位に作用することがあります。

2つ目はコスト優位です。標準化され技術進歩が止まってどこで生産しても品質が変わらないのであれば、人件費が低い国で作ればよいことになります。アメリカの会社がコールセンターをインドに置き、衣服生産がバングラデシュに立地するのはその例です。アメリカやカナダのように小麦を広大な平地に生産する優位性は、日本と比べてあります。これは自然環境に由来するコスト優位です。この他、新規の店舗でも、自分の家を改装する、自分所有の土地に店を立てるのも、コスト優位になります。

3つ目は追随者の存在と代替的な財や手法が出現するかどうかです。真似ができるか否で、その優位性が持続するかどうか決まります。自然に基づく優位性があってもそれらを克服できる技術が他社にあれば、追随されます。これは先程の日本ワインもそうです。代替性に関しては、昔写真はフィルムだけでしたが、それを代替するデジタル写真が主流になりました。このためフィルムを作っている会社は業態変化をしています。書店を代替できる本の通販によって、街の多くの書店が消えることになりました。では生き残っている店舗はどのような運営をしているかは気になるところです。

優位性は他にも多くありますが、以下優位性への考え方を説明します。社会経済において、優位性は財サービス生産の希少性の程度になります。追随者がすぐに表れるということは、その企業の希少性が本来低く、この結果先行者利益はあるものの、付加価値や報酬は低くなります。追随者がいないのは、まさしく希少であって、その価値が高いことにつながります。日本のウイスキーが世界的に評価されているのは、他では真似ができない技術があるといわれています。唯一の存在あるいは希少性が低いことが、高付加価値につながります。それが努力に由来するのであれば、誰も文句をいいませんが、それが独占など強い立場を利用するのであれば、人々は不公正と思い、社会的制裁が課せられることがあります[12]。

共謀や独占によって、高価格を維持したり、独占的地位を利用して高収益となることがあります。これを防ぐために独占禁止法があり、海外では巨大なIT 企業が数千億円の罰金を科せられることがあります。石油価格の国際カルテルによる上昇は、コスト削減や生産性の上昇がなければ、日本のような非産油国からの石油産油国への所得移転となります。原油生産国の国際的な生産調整（カルテル）は取り締まる法律がなく、莫大な石油収入が各国に入っています。石油に代わるエネルギー資源が存在していて、太陽光や風力などの自然由来にエネルギー転換は進んでいるものの、エネルギーの代替化はすぐには進まず、また世界全体の経済成長によって年々世界の原油生産は伸びています。

注

1　以下円を簡単化のために省略します。
2　全くのゼロでないものの、四捨五入されてゼロになっています。例えば 0.01 %なら、0.0 %と表示されます。
3　正確には単純に合計したものではないものの、ほぼ近似できます。
4　仮に１人当たり 500 万円だとすれば、1 ドル＝100 円なら、5 万ドル（500 万円 /100 円）ですが、1 ドル＝200 円の円安になると、2.5 万ドル（500 万円 /200 円）に半減します。
1 ドル＝100 円が 200 円と値は上昇していますが、円ベースでは 100 円＝1 ドルが、100 円＝0.5 ドルと半減し、100 円で 1 ドル交換できるのが 0.5 ドルしか交換できなくなり、これを円安といいます。
5　内閣府平成 29 年度、年次経済財政報告―技術革新と働き方改革がもたらす新たな成長―第３章第１節５企業のグローバル化が生産性に与える影響
6　三菱総合研究所：IMD「世界競争力年鑑」2023 年版からみる日本の競争力 第１回、データ解説編
7　この三面等価は後の第７章で詳しく説明します。
8　内閣府の 2024 年の第一四半期ではこのギャップは－1.1 %程度で、大きくはないです。不況期になるとマイナスになり、高成長になるとプラスになりま

す。コロナ直後は一時的に－10％になりました。

9　アメリカなどでは、質の高い有料テレビと、それに比べると質の低いCM付きの無料テレビがあります。日本では視聴者がその配信への対価としてテレビ局に直接お金を払わず、CMのスポンサーが代わりに支払っていますので、お金をかけたコンテンツの配信には限界があります。

10　「原価計算方式における薬価算定、製薬メーカーの営業利益率などどう考えるか—中医協・薬価専門部会 | GemMed | データが拓く新時代医療（ghc-j.com）」によれば製造原価（原材料費、労働費用など）が200円、これに対し開発費用は180円です。

11　この図は規模と品質の逆の関係を示したもので、小規模店はすべて質が良い、チェーン店はすべて質が悪いとは限りません。

12　映画や音楽は、制作に時間と資金が必要でそれに報いる必要があるものの、一方ですぐにコピーされます。このため著作権保護をして、簡単に模倣しないようにしています。

第3章

分業、交換、市場、フードシステム
分業、市場と経済の循環

この章で学ぶこと

本章は原始社会や家庭も含めた分業と交換経済を考えます。原始社会でさえも分業があり、現代は高度に発達した分業です。分業はある特定の仕事のみをするので、これだけでは生活できず、人々の間で交換する市場が発達してきました。食に関しても、農水産業から消費者に渡るフードシステムとさまざまな市場と物流で、世界的な分業が進んでいます。農業、食製造業、食の流通の食産業だけではなく、それらを支える多くの産業（物流、エネルギー、IT、農業機械、建設、金融など）や政府が存在しています。

自由な市場の役割は重要で、われわれの経済社会は自由な取引と価格決定のもとで、効率的な取引が行われ、背後では新規参入と同時に競争に負けたあるいは需要されない企業が撤退して、新陳代謝が行われています。食で品不足が起こったときには欲しい人に欲しいだけ渡すようにする自動調整機能があるのが市場です。このためにはある程度市場の制御が必要で、その失敗例として令和のコメ不足を紹介します。

キーワード

分業、交換、フードシステム、食の業種

●

市場

●

家計、企業、政府、経済循環、需要曲線、供給曲線

●

市場の役割

●

さまざまな市場

●

令和のコメ不足

3.1 分業、交換とは

3.1.1 分業の歴史

さまざまな仕事、業務や用事に対し、あることは他人や別の企業に任せる、あることは自分や自分の企業でする。これが分業です。かつての狩猟世界では、男は狩り、女性は家事・育児でした。狩猟世界はなぜそうなったのでしょうか。

平均寿命は短く、かつ多産多死の世界では、力の強い男性狩りに出かけるほうが、より多くの狩りをでき、母乳が出る女性は出産育児を担当するという分業が、人間社会あるいは遺伝子存続の理にかなっているといえます。このころは男性も女性も早く死ぬことから、一夫一婦制が明確でなかった社会もあるようです。日本では明治時代までは、動物と同様に、食糧生産が人口の上限を決めていた時代が続いていました[1]。日本において飢餓がなくなったのは、結構最近のことです。

城下町の地名には、鍛冶屋町、鉄砲町、瓦町、茶屋町などが残っていることがあります。江戸時代の分業の具体的証拠になります。それぞれが得意な分野を活かし、専念することを「特化」といいます。特化して、みんなで分業すれば、複雑な仕事が効率よくできます。分業は、企業、組織や国レベルでもあります。

分業には交換が必然となります。家族内ではお金を通さずに、他の家族のサービスを無料で受けることができますが、受けるほうが家族への貢献をすることが基本前提です。狩猟社会では、男性は狩りをして家族に分け与え、妻は家事育児サービスを家族に提供します。相互に貢献して家族は維持しています。古代社会ではこれが集

出典：illust AC

落全体の営みとなり、親が死んだときには、子供を集落で面倒を見ることがありました。瓦屋は屋根の瓦を敷き、鍛冶屋は農機具や刀を作ります。そして貨幣やあるいはお米を通して、瓦屋は農産物やその他を手に入れることができます。

企業では１人の事業主もあれば10万人規模の大企業もあり、分業の規模が異なります。たとえば１軒だけのケーキ屋さんですと、１人でもできないことはありませんが、売り上げを伸ばそうとすれば、ケーキ作りと販売の人を分けた方が販売量は伸びます。一方卵や小麦粉をすべて自分で生産すると、大変です。都会ですとそれ用の土地を確保し、毎日鶏の世話をしないといけません。その他食材のイチゴやフルーツ、生クリーム、生地を焼く機械も自前で作ると大変です。

大企業であっても全部企業内で完結することはなく、外部に委託することもあります。iPhone は、デザインや設計はアメリカのカリフォルニアで行いますが、組み立ては委託した中国の工場です。消費者に製品が届くまでの過程では、通常はメーカーが製造、小売店が販売と分かれていますが、ユニクロの SPA というビジネスモデルでは、そうした分担がなく、商品の開発から販売まですべてを行っています。ただし生産は中国で委託しています。一方サイゼリヤは外食産業ですが、自前で食材の調達をしています。通常外食産業や食品の小売り（食品スーパーやコンビニ）は、食材や商品の調達を卸売り業者に任せ、卸売りはさまざまな食品製造会社から、購入しています。サイゼリヤぐらいの規模で、人材がいると、一貫して食材の調達から調理、食の提供が可能になります。

また同じ企業内でも分業方法に関連して組織形態は異なります。家電メーカーなら、洗濯機、掃除機、テレビごとで分けるのか、それとも商品企画、デザイン、製造、営業、経理ごとで分ける方法があります。前者を垂直分業、後者を水平分業ということもあります。最近では、人手不足に対応して、IT による予約や注文だけでなく、無人バスや無人店舗が可能になりつつあります。これは人と機械設備の役割分担あるいは一種の分業になります。最近はAIによる文書作成、イラストや作曲もあります。

3.1.2 分業の要因

ではなぜ分業が進んでいるのでしょうか。企業による分業方法の相違は何に依存するのでしょうか。さまざまな理由付け、つまり理論が可能です。

(絶対優位と比較優位)

分業を比較優位や絶対優位の概念で説明します。絶対優位は仕事や能力が高い人あるいはそれができる人が行うことを意味します。なお、最近の家事や育児分担は、効率だけでは説明せず、男女の分担に関するジェンダー論が必要となってきます。比較優位は国際貿易の概念でもありますが、教科書では、社長と秘書の例でよく説明されます。社長は秘書的な仕事も秘書よりも早くできるものの、秘書的な仕事は秘書に任せて、空いた時間を社長業に特化することになります。相互の相対的な生産性を比較します。社長の社長業生産性 / 社長の秘書生産性が、秘書の社長業生産性 / 秘書の秘書生産性よりも高いことを意味します。数値を例示しますと、

$$100/20 > 20/15$$

となります。社長業生産性 / 社長の秘書生産性 = 100/20、秘書の社長業生産性 / 秘書の秘書生産性 = 20/15です。社長は社長業なら5倍（100と20）の生産性ですが、秘書業になると20と15ですので、それほど変わらないことになります。秘書は秘書の仕事において相対的に優位であるといいます。

このことは仕事が多少できなくてもその人の役割の場が社会において存在することを意味します。これは企業や国家間においても当てはまること

です。経済が未発達であれば、生産性は低くなりがちで、絶対優位の産業はないものの、比較優位の産業は存在し、秘書と同様に世界において存在でき、輸出できることになります。

(成熟度、経験曲線)

絶対優位や比較優位と異なる分業の理論は、成熟度あるいは経験曲線の概念です。同じ能力を持っている人々の間では、絶対優位や比較優位は成立しませんが、この概念は同じでも成立します。楽器なら人前で演奏するには練習時間がかなり必要です。このような職人技が必要な職種も同様です。成熟してお金を取れるようになるには、仕事にもよって１日から、10年とか多様です。手術も同様で、患者によっていろんなことが生じますので、施術数による経験が評価の目安といわれています。食の一次生産である農業は、ノウハウの塊です。元の土壌、土壌に投入する肥料、作物の種類、水の投入量、日射量、気温、種子や苗によって成育が異なります。このように多くの要因によって左右されることと、実験がすぐにはできないことから、長年の経験が必要です。

(地理的要因)

以上のような人の優位性とは別に、気候、地形も関係してきます。特に農林水産業は、気候、地形の自然環境の影響を受けます。林業ですと日本は、山林面積の比率が多いものの、輸出できない理由は、山がちで平地に生えている森林と比べて、どうしてもコストが高くなります。急斜面にある森林は植林、間伐、伐採、運搬にコストがかかります。また小麦やお米の生産では、農家当たりの栽培面積が大きく異なります。

日本でも大規模化を推し進めているものの、外国とはかなり違います。次頁の写真はイタリア南部の小麦畑です。アメリカほどでもないにせよ一区画がかなり広いことがわかります。区画が広いことと農家１戸当たりの栽培面積が広いことから、機械化が推し進められ、１人当たりの生産額も大きくなります[2]。

イタリア南部プーリア州　小麦畑　筆者撮影

（物流・通信コスト・保冷技術）

昔は移動は徒歩が基本で、それに一部馬などが使われていました。1時間歩いて移動できる距離が一里（4Km）ともいわれています。牛や馬を使って運搬していました。また道は未舗装で狭くトンネルはほとんどなく、時間距離は相当ありました。江戸時代ですと船を使ってお米の運搬をしていました。北前船は有名で、山形県の酒田から日本海と瀬戸内海経由で、大坂（今の大阪）の堂島にお米が集められていました。

それが今では国際的な物流になって、海外に発注しても通常の軽いもので安い商品でも、1週間以内に届くようになっています。最近では海外のものは届くまでに少し時間がかかる程度で、購入するときは国内発送でも海外発送でも価格はそれほど変わらず、海外を意識しなくても注文できます。またデジタル化の発展で、従来は電話や書類で注文していたのが、ネットで注文でき、コスト削減に貢献しています。食品スーパーや、大手の卸売業者は、効率化と低コストを実現するための巨大な物流センターを建設しています。

また船の荷おろしはコストが発生しますが、荷物をコンテナに入れれば、1つ1つを荷造りして船に積み込むよりもはるかに効率的です。写真のそれぞれの直方体はコンテナです。コンテナを船に積み込むクレーンはガントリークレーンと呼ばれています。コンテナの形が不揃いであると、きれいに積み込むことができなくなります。これは鉄道貨物も同様です。飛行機も燃費の向上や輸送のシステム化などで、低コストが実現しています。また輸送時に壊れない、確実に送付先に届く、輸送時間の短縮などの輸送サービスの品質も向上しています。

横浜港
出典：photo AC

生鮮食料品は時間とともに劣化します。このため、長時間の保存でも品質を低下させないことが重要になってきます。加工した肉や魚の輸出入が可能になったのは、保冷技術の発達によって船による長期の輸送でも品質が劣化しないことによるものです。この技術でグローバルな分業とそれに付随する世界的なフードシステムが可能になりました。いずれにしても、分業の発達と物流コストの低下は、表裏一体です。輸送費用が掛かると分業は狭い地域に限定され、それほど進まなくなります。

（分業と機械化　調理を事例に）

家庭内における調理は、調理を調理サービスの提供（＝生産）と解釈すると、企業の財サービスの提供と同じです。この調理（サービス）は、食材の購入、調理、設備（電子レンジ、ガス、炊飯器、水、器、鍋）、それに時間とお金を用いて、提供します。外食は食サービスの外部委託になります。最近多い中食は、調理済み食品の冷凍食品やお惣菜で、調理時間の節約になります。冷凍餃子は、自分で餃子を最初から作るよりも、すぐに手間なく一定の質で食べることができます。多少高くなるのがデメリットですが、その分時間の節約あるいは調理が楽になります。これらも交換つまり分業の一種です。

電気調理器具などさまざまな機器や設備を導入することで、費用は掛かる一方、それ以上のメリット（仕事時間の増加、余暇時間の増加）があれば設備機器を導入する価値があります。今の時代でも水道が未発達な発展途上国であれば、水汲みだけでもかなりの時間と労力を取られ、それに従事している子供も多く、学校を休んだり、勉強時間を割くこともあります。写

手桶による水汲み　　深井戸掘削作業

出典：JICA ODA 中央乾燥地村落給水技術プロジェクト

真は手桶による水汲み作業です。上水道がないために、この作業が必要です。このため日本の援助の一環で井戸を掘ることがあります（深井戸掘削作業写真参照）。この効果には子供の労働（チャイルドレーバー）の防止、家事労働の軽減、清潔な水による衛生環境の改善とそれに伴う病気予防があります。

（貨幣、決済、市場）

分業と交換は裏表の関係です。分業して何かの仕事に特化しますが、自分の貢献分と他の消費財を交換する必要があります。江戸時代の鉄砲職人は、鉄砲だけでは生活できませんので、その鉄砲と衣服・食糧などを交換します。そのときの交換手段が貨幣になります。貨幣がなければ、物々交換になりますが、物々交換では極めて不便です。まず交換比率をどうするか、しかも鉄砲ですと農家は必要がありません。このため鉄砲職人は、食べ物を得ることが難しくなります。また鉄砲を武家に売るときでも何とどの程度交換するかの問題があります。このため、貨幣を介して交換することが、効率的となります。

貨幣とともに決済方法も発展してきています。江戸時代には今の銀行に対応する両替商が出現しました。今のクレジットカード決済は、取引と決済時期や場所がずれますが、このことは、当時でもありました。たとえば大坂に集積されたお米を江戸の業者が購入します。これは現金決済だと現金輸送などの手間がかかります。そこで両替商が帳簿上、江戸の購入者から大坂の販売業者にお金を移すことが行われていました。このように場所が異なっても取引ができるようにしました。今は「両替商が帳簿上移す」が取引銀行の残高が変更になることに対応します。さらに交換には供給側と需要側が出会う市場の整備が必要です。この点は次の節で詳しく説明します。

3.2 フードシステム

3.2.1　食にかかわる直接の業種と市場

（フードシステムと中間業者）

次頁のフードシステムの概念図にあるように、分業は結構複雑な仕組みです。石器時代の自給自足社会は、外部との交流が全くなかったわけではないものの、このような世界的なフードシステムは存在していませんでした。シルクロードは、広大な中国から中央アジア、ヨーロッパまでのユーラシア大陸の交易路で、東西の経済・文化に大きな役割を果たしています。航海技術が発展して、海路が開拓された16世紀前後の大航海時代では、香辛料貿易が有名です。現在は陸路、海路に飛行機が加わっています。経済社会の発展は、フードシステムの発展でもあります。現在は多くのものやサービスが、海外から供給されます。たとえば今でもスパイスなどの香辛料貿易を担っている業者は、海外に長期間行きますので、出身国での販売は他の誰かに任すのが得策です。またインドなどの現地の香辛料の生産者がヨーロッパまで行って販売することはありません。つまり生産者と消費者の間には、いくつかの中間業者が存在します。それを卸売業者とか商社ということもあります。生産者から消費者に渡るまで多くの中間業者が介在しており、それは昔から存在します。

図3.2.1はフードシステムの概念図です。数値は兆円です。【　】内は輸入です。輸入には生鮮食料品、一次加工品、最終製品の３種類があります。魚の輸入は生鮮、イタリアからのトマト缶は一次加工品、外国のチョコレートは最終製品です。スーパーのレトルトカレーの国内のジャガイモ

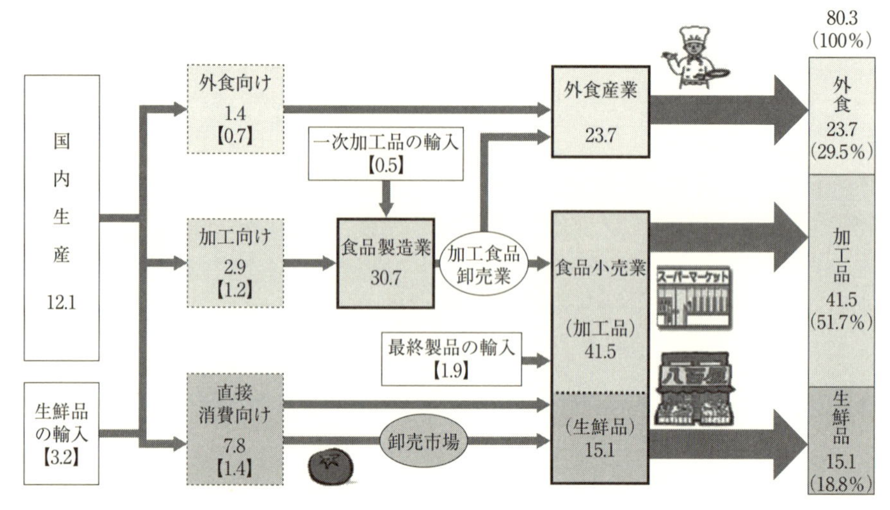

図 3.2.1　フードシステム（単位は兆円　平成 12 年）
出典：農林水産業　生産から消費に至るフードシステムの現状について　生産から消費に至るフードシステムの現状　平成 17 年　（筆者一部編集）

は、国内生産、加工向け、食品製造、食品小売りの順です。外食用のマヨネーズは、国内生産（卵）、加工向け、食品製造、外食の順です。この図では、生鮮品は、八百屋だけでの販売のように見えますが、小売でも販売しています。お米や野菜は農家から農協、卸、小売りの流れで、この図では国内生産、直接消費者向け、卸売市場、小売りと考えてください。農協は中間業者、つまり卸の一種です。

（卸売市場と市場）

日本の国内でも、出荷農家が直接消費者に販売することはほとんどなく、通常卸売業者が入ります。食の卸売としては農協が知られています。農協に農家が出荷をして、農協が卸売市場に持って行って、そこで需給関係から価格が決まり、さらにさまざまなところに出荷されます。卸売市場には生鮮野菜のみならず、魚や肉類も取引されています。卸売市場は東京都中央卸市場（かつては築地、今は豊洲）をはじめ全国に存在します。需給調整の役割を果たす市場は、このような目に見えるものだけでなく、実際は目に見えない形での調整の場が多くなっています。食品スーパーであれば、消費者がある食品を購入するかしないかの決定は、価格に影響を与えます。買わない人が多くなると、値下がりし逆は値上がりします。また価格交渉ができる売り場ですと、そのことはより明確になります[3]。

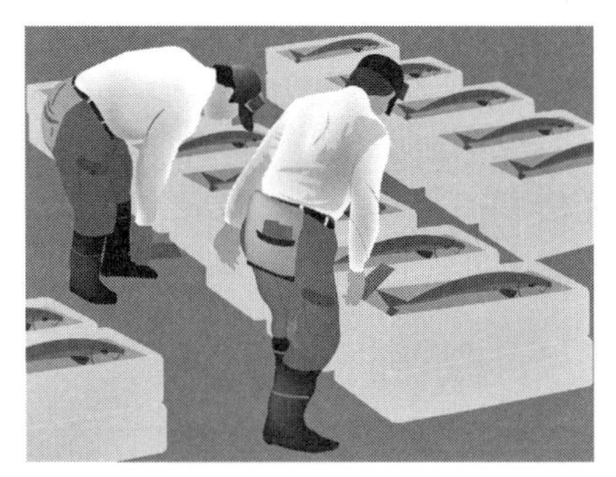

卸売市場
出典　illust AC

野菜が高温、日照不足などによって、不作のときに、どのようにすればよいのでしょうか。価格をそのままにしておくと、需要のほうが多いので、店の棚から消えて買いたくても買えない人が出てきます。このため通常は供給が減少すると、価格が上がります。消費者は困りますが、高くても買いたい人が買えます。農家は出荷量が減るものの、出荷価格が上昇しますので収入はその分増えます。卸売市場では、品質の相違によって価格が異なり、品質がわかる人が配置されています。イラストは「目利き」をして、今日の魚の品質のチェックをしています。

一方価格が高くなるのは消費者の損になるので、政府が補助金を出すこともあります。実際かつて旧ソ連などの社会主義国ではそのようなことが行われていました。しかしながらこれをすると低価格のままなので生産者の生産意欲がなくなります。このため補助金を農家に与えることをします。この結果政府の財政負担は大きくなります。日本でもかつてはそのようなことをお米にしていました。高く生産者から買い上げて、安く消費者に渡していました。その差額は政府が負担していましたが、今は財政負担の問題などで実施していません。

（卸、中間業者の役割）

さて最近は、図3.2.1にありますように、卸売市場を通さない産直の取引が増えています[4]。大手の食品スーパーや食品製造業では、契約農家や漁業者との直接取引が増えています。では卸の役割とは何になるのでしょうか。

図の真ん中の加工食品卸業者は、製造業者と小売店をつなぐ業者です。食関係の小売店舗は全国に20万店舗以上あります[5]。食品製造業は小規模が多く、また大手でも、これだけの店に直接送付するのは、輸送単位も小さく、高コストになります。そこで食品卸業者がまとめて集荷し、小売り店舗ごとに多くの食品製造業者の商品をまとめて輸送する方が、効率的となります。また小売店舗側も、仕入れるときにどこからどの量を仕入れるかに関して、食品製造業の情報を詳しく把握していませんので、そのようなコンサル的な業務を卸売業は担えます。中間業者は生産者に近く、その専門知識によって質を見抜き小売業者の役に立つことができます。あるいは生産者にアドバイスすることが可能になります。卸売業者が商品開発をするときもあります。

3.2.2 食にかかわる間接の業種――中間取引

フードシステムを維持するには、このイメージ図にはない多くの産業が必要です。今の農業は機械化されています。農業機械のトラクター、田植え機、肥料、種、それに機械を動かすガソリンや軽油などが必要となってきます。食品製造業も同様で、建物、電気、製造機械、物流用のトラックなどを使用します。この他会社内のIT関連のシステム構築や経理などのソフトの導入が行われています。喫茶店なら、建物業（建物、内装、外装）、不動産（賃貸）、家具、厨房機器、上下水道、など多くの職種が必要です。フー

トラクター
出典　Photo AC

ドシステムのイメージ図は食関連とその取引に限定していますが、実際は多くの産業に支えられています。

さらに農業機械は多くの部品工場やソフトによって支えられています。これらの部品は海外からの輸入もあります。化学肥料は工場で作られ、この工場もまた多くの産業に支えられています。これらを反映して、たとえば自動車会社では地震があって、一部の工場が閉鎖されると、その工場からの部品供給が途絶え車の生産自体がしばらく中止になることがありました。

さて、このような取引を、中間取引、あるいはB to B（Business to Business）といいます。そしてそのような財を中間財あるいは中間投入財といいます。ジャガイモは、ポテトチップスに使用されるのであれば、中間財に、消費者が購入するのであれば、消費財に分類されます。車では会社の営業に用いられるのであれば中間財に、個人が使用するのであれば消費財になります。一般の方が目にするのは対消費者の企業で、これをB to C（Business to Consumer）といいます。日本の食料自給率が低いといわれていますが、食を支える産業からの投入が途絶えれば、食糧生産ができなくなります。

3.2.3　家計、企業、政府、経済循環図と市場

フードシステムとは異なる形での、経済の循環や取引を表したのが、図3.2.2の経済循環です。経済学の教科書はこちらのほうがよく使用されます。フードシステムは食を中心にしていますが、こちらは家計と企業に分けて見ています。同じリンゴやミカンでも切り口を縦にするか横にするかで、同じものでも異なるのと同様です。見る視点や明らかにするポイントが、食ではなく一般的な経済です。家計は労働を供給する主体で、企業は労働を需要する主体です。労働の需要と供給が出会う場所を、労働市場あるいは生産要素市場といいます。労働者は所得あるいは賃金を企業から得

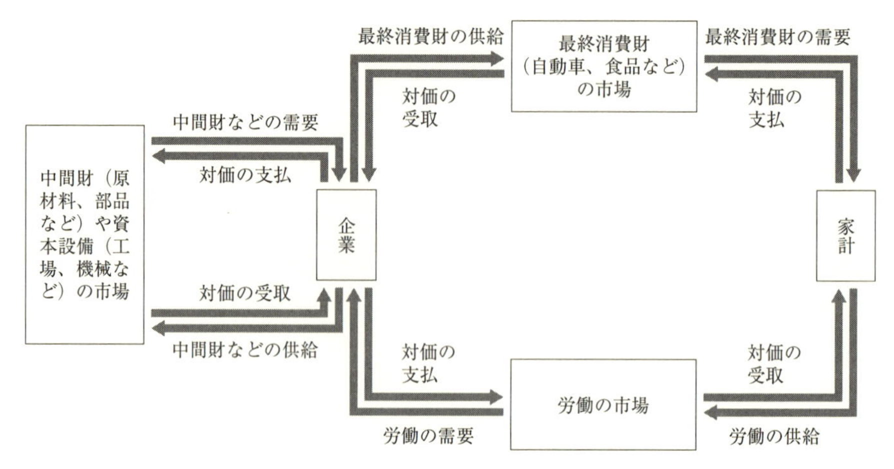

図 3.2.2　経済循環
出典：奥野正寛　経済学入門　日本評論社より転載（筆者が一部編集）

て、そのお金を、預金するか消費をします。企業は労働と資本（設備）で財サービスを生産し、財サービス市場で消費者に販売します。経済はこのように循環しています。企業が労働者への賃金を減らすと巡り巡って自分の首を絞めることになります。図の左側の企業間取引は金額ベースでは、消費財の取引と同様な金額になり膨大です。

ここに出てきていないのは、政府、国際、そして金融です。金融は資金の取引です。家計（個人）の預金や企業の余剰資金を、個人の住宅ローン、企業の設備投資、起業時の資金に貸し出します。この図では資金の流れは決済として使用されます。金融における資金は、供給者（貸し手）から需要者（借り手）への移動になります。それを仲介するのが銀行や証券会社になります。詳しくは本章の 3.3.4 で説明します。

（政府：税収　年金）

政府は、所得税、消費税、法人税などの形で税金を徴収します。政府は税金で、警察、消防、インフラ、教育、国防などさまざまな政府サービスを提供します。政府は年金（国民年金、厚生年金）や医療保険なども徴収します。通常の政府サービスの支出と異なり、年金や医療は移転支出といわれ、徴収した年金は高齢者に、医療は医療保険として医療を受ける人々に配分されます。グラフ3.2.3はこのことを表わしたもので、患者の負担が10％強、被保険者（国民）とその雇い主の企業が計約50％、国（国庫）と地方が40％弱の負担です。高齢者比率が高まると、医療費がより多くかかるようになり、保険料を上げるか公費負担を増やすかなどの選択になります。

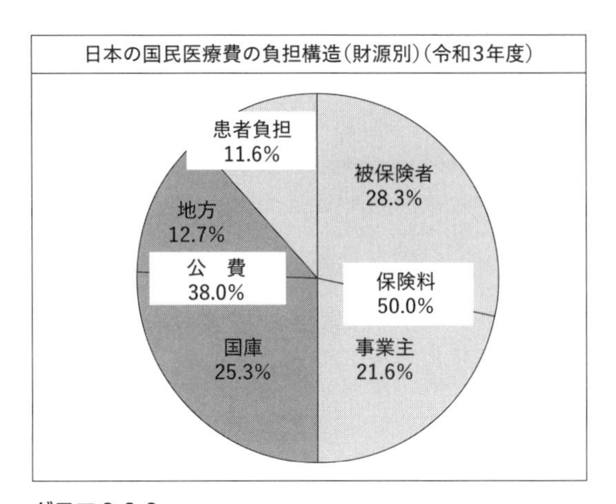

グラフ3.2.3
出典：厚生労働省我が国の医療保険について

高齢者になるほど十分に働けませんので、国民年金や厚生年金からの年金収入に頼って、生活、つまり消費活動を行います。少子高齢化の影響は、年金財政に悪影響を与えます。現在年金は賦課方式といって、働いている世代（生産年齢人口）からの高齢者の移転支出と、積み立て方式といって高齢者がこれまで積み立てたお金の２種類をその財源としています。

高齢化になると、生産年齢人口に対する年金人口の比率が増します。たとえば年金受給人口／生産年齢人口＝1000万人/6000万人（＝1/6）が、2000万人/4000万人（＝1/2）になると、年金受給人口１人当たりの年金額を維持しようとすれば、６人で１人を支えればよかったのが、２人で１人を支えなければならないので、現役世代つまり生産人口の年金への支出が多くなります。これを避けるために現在年金の支払い年齢を遅らせています。

自分で積み立ててその分高齢者になってからもらう積み立て方式は、賦課方式よりも少子化に強いです[6]。つまり日本では、早期に積み立て方式の割合を増やしておけばよかったことになります。しかし政府は人口減少に弱い逆の賦課方式の比率を強め、少子化が明確になっても積み立て方式に戻す方向性は示していません。戻すと現役世代の負担が多くなりますので政治的には採用できません。このため将来年金が破綻し、若者が将来年金を貰うことができないのではないかという心配があります。年金は政府が支えていますので、今のところは、財政が破綻しない限りは大丈夫というしかありません。

(貿易)

輸出入もここに入ってきます。通常は企業が輸出入の担い手になります。輸入はこの循環から外への支出ですので、資金が外に出て国内企業に入ってこなくなり、経済活動の低下になります。一方輸出は海外から資金が流入しますので、企業にお金が入ってきて、経済活動にプラスとなります。だからといって、第2章で述べたように輸出が○で輸入が×というのは短絡的な考えです。近年の円安は海外の輸入品が高くなり、余計に支払わなくてはなりませんので、消費支出が海外に支払われ、経済活動にはマイナスとなります。

3.3 市場　需要曲線と供給曲線

3.3.1　需要曲線とそのシフト

需要曲線は、価格と需要の関係を示すものです[7]。価格が決まればそれに対して需要が決まります。このような関係は因果関係です。（要）因は価格（p = price）で、その（結）果が需要量（D = Demand）です。価格を独立変数、需要量は従属変数といいます。価格は需要量を説明（決定）できますので、説明変数、需要量は価格によって説明されるので被説明変数というときもあります。図 3.3.1 は需要曲線で、式で表すと、

$D = 20 - p$（あるいは $p = 20 - D$）

となります。価格が増えると需要は減少します。価格 p が 20 なら、需要量はゼロ、同様に p ＝ 10 なら、需要量は 10 となります。

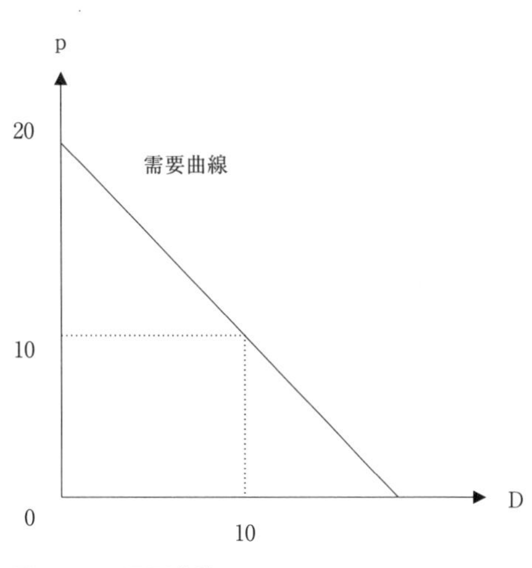

図 3.3.1　需要曲線

曲線の傾きは、急になればなるほど、価格の変化に対し需要が変動しないことを示し、逆であれば価格のわずかな変化に対し需要が変化することになります。この変化の程度を需要の価格弾力性と表します。詳しくは第 4 章 4.2 で説明します。図 3.3.2 では、p_0 から p_1 への価格変化に対し、急な傾きの需要曲線であれば需要量は D_0 から D_1 へ、傾きが緩やかな需要曲線なら、D_1' へと大きく変化します。

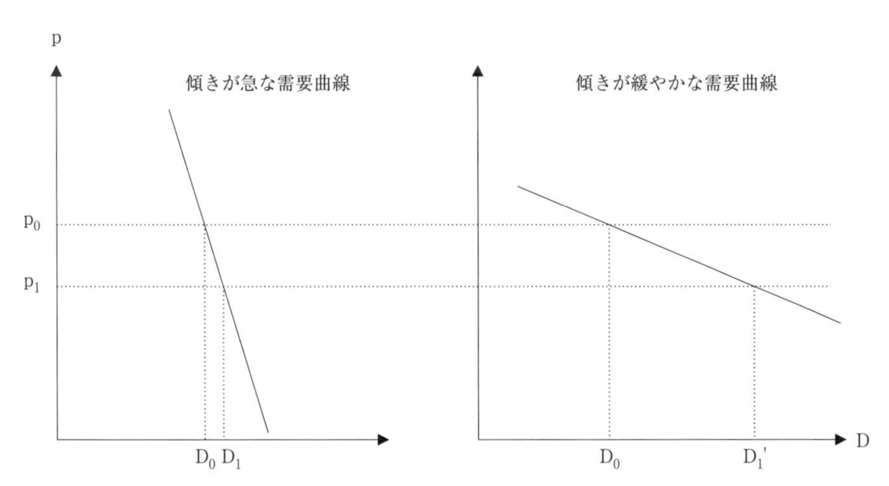

図 3.3.2　傾きが異なる 2 つの需要曲線

変動しにくいのは必需品や代替財がない場合です。水道水、電気、ガスはこれに該当します。多少高くなっても、代替財はなく、高くても購入するしかなく、逆に安くなっても、購入量を増やすことはありません。このような理由で高価格にして過剰な利益を得る可能性があることから、電気、ガスの価格改定は政府の許可が必要です。

一方、変動しやすい例は、ノンブランドの製品で、同質財と思われている場合です。ペットボトルのお茶やミネラルウォーターは、区別がつかないとかこだわりがない消費者なら、選べるペットボトルの種類は多く、価格のみの競争になりがちです。もちろんCMの他、ネーミングや容器を変えて売っていて、多少の差別化をしていますので、同質の程度は消費者によって異なります。ただし機能性飲料になると、普通の飲料との異質性は高くなります。同質ではないと思うと消費者は高くても購入します。

なお、需要曲線でも、その財全体の需要と、個別商品の需要では傾きが異なります。その財全体の需要曲線では、価格は商品全体の一斉の価格変化を表し、個別商品の需要曲線では、その商品のみの価格変化を表します。この結果、必需品の全体の需要曲線は、代替品が存在しないために、どの企業の価格も一斉に値上げしても、購入するしかないので、変化は極めて少なくなります。トイレットペーパーはその例になります。トイレットペーパー全体の価格が一斉に値上がりすると、他の代替財はないので購入するしかなく、需要がほとんど減少することはありません（図3.3.2の左）。一方個別の会社のある銘柄ですと、その銘柄だけが値上げしても、他の代替財が多くありますので、その銘柄の需要は減少します（図3.3.2の右）。

需要曲線は、同じ価格でも価格以外の要因で、増減します。清涼飲料水やビールの需要は、気温や湿度によって変化します。雨の日は、買い物に出掛けるのを止めますので、需要が減ります。図3.3.3はこのことを表しています。週末になると、時間ができますので、手の込んだ料理用の食材が売れます。食品売り場の立地が、都心と郊外で、あるいは周辺の所得階層で、売れ筋が変わります。

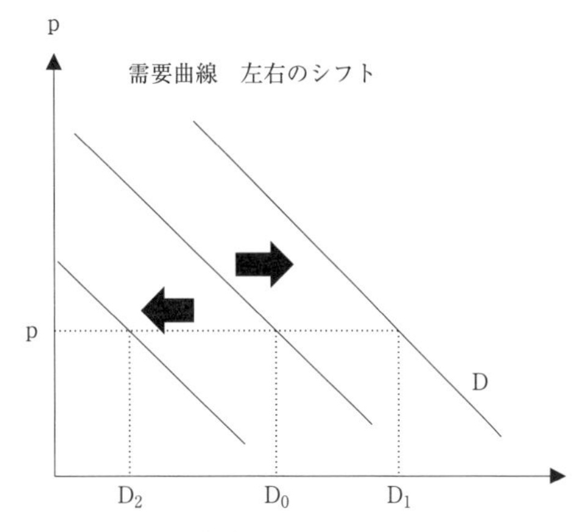

図 3.3.3　需要曲線の左右のシフト

需要は所得の増減でも変わります。所得が高くなると高級品の需要は高くなりますが、低級品の財は逆に下がるのもあります。所得と正の関係がある財は正常財あるいは上級財、逆の関係は劣等財（下級財）といいます。学生の方は一般的には所得は高くないので、安価な４列の夜行バスやカプセルホテルなどを利用しがちで、これらは劣等財の例になります。一方新幹線や高級ホテルは正常財です。さらに所得の上昇率以上に需要が増加する財を奢侈財（luxury goods）といいます。高級アイスは正常財であると同時に奢侈財でもあります。料亭、高級レストランもそうなります。

ライバル企業の存在によっても異なります。１社の場合だけであったのが、ライバル社が現れることで、新規の他社に需要を奪われますので、需要曲線は、左にシフトします。この他需要は、代替性にも依存します。お米ではあきたこまちとコシヒカリであれば、あきたこまちが店になければコシヒカリを買えばいいので、この場合代替性は高くなります。差がない同質財であればあるほど、代替性は高くなります。ペットボトルでも機能性が付加されたのは低く、そうでない普通のであれば、高くなります。東京や大阪などの都市部では、移動するのに幾つかのルートがあって、それほど時間や運賃が変わらないときがあります。この場合は代替性、つまり取って代われる程度は高くなります。東京と大阪間の移動なら、新幹線、高速バス、飛行機、車といろいろあって、代替交通機関は多いですが、同質財、つまり同質なサービスかといえばそうでもなく、代替性はやや低くなります。高級なアイス、バッグ、時計、安価なアイス、バッグ、時計も同様です。

ビジネス上では代替性が高いと、わずかな差で売れたり売れなくなることがあり、それほど高価格にできず、収益性が望めません。代替性が低く差別化されていると、高価格に設定しても売れますので、高収益が可能になります。

まとめますと、需要の決定には価格以外の多くの要因があります。食だけでも、競合財の存在、代替性、所得、温度、湿度、CM、ブランド、などです。

3.3.2 供給曲線とそのシフト

価格と供給の関係を示しているのが図3.3.4の供給曲線です。縦軸が価格、横軸が供給量です。価格が決まれば供給が決まります。供給量は従属変数です。Sを供給量（S = Supply）とすると、

$$S = p - 2 \text{（あるいは} p = S + 2\text{）}$$

となります。pが2なら、供給量はゼロ、同様にp = 20なら、供給量は18となります。価格が上昇すれば供給は増加します。同じコストで価格が増えれば儲かります。このため、供給量を増やしたり、新たに参入する企業が現れます。トマトであれば、人気が出て価格が上昇すると、トマト農家がその栽培面積を増やすか、あるいは他の野菜を栽培していた農家が、トマトに転換します。曲線の傾きは、急になればなるほど、価格の変化に対し供給が変動しないことを示し、逆であれば価格のわずかな変化に対し供給が変化することになります。これは供給の価格弾力性と関係します。詳しくは第4章4.2で説明します。

一般的に供給曲線は、短期間なら変動は少なく、長期になればなるほど緩やかになって、価格の増減に対応できます。対応するには、設備や労働者の変更を伴い時間がかかります。農産物なら種をまいてから収穫まで3カ月かかるときがあります。さらにビニールハウスではなく露地栽培なら年に1回しか収穫できず、対応に1年かかります。お米の収穫は年に1回ですので、価格が上がって増産するにも、すぐにはできません。肉牛は飼育期間は2年ほどかかりますので、さらに時間がかかります。ウイスキーは熟成期間は、10年から20年程度以上の方がおいしくなるといわれています。レストランであれば、人気が出て店を拡張しようにも、厨房や客席の増設、あるいはより広い店舗への移設、また従業員の確保などに、時間がかかります。

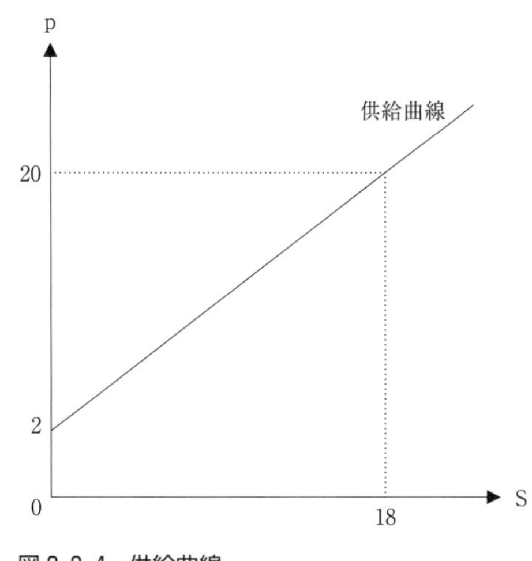

図3.3.4　供給曲線

図3.3.5では、p_0 から p_1 への価格変化に対し、左の急な供給曲線であれば供給量は S_0 から S_1 までと小さく、右の緩やかな供給曲線であれば、S_1' と大きく変化します。

供給曲線は、同じ価格でも価格以外の要因で、増えたり減少したりします。このことをコスト要因で考えます。同じ価格でも、コストが下がればより儲かりますので、価格上昇と同じ効果で、供給は増えます。逆に上がれば、儲かりませんので供給は減ります。コスト増の要因には、天候不順、円安、エネルギー価格高騰などによる食材のコストや、賃金上昇があります。人手不足のときに賃金を上げることができない要因は、その農産

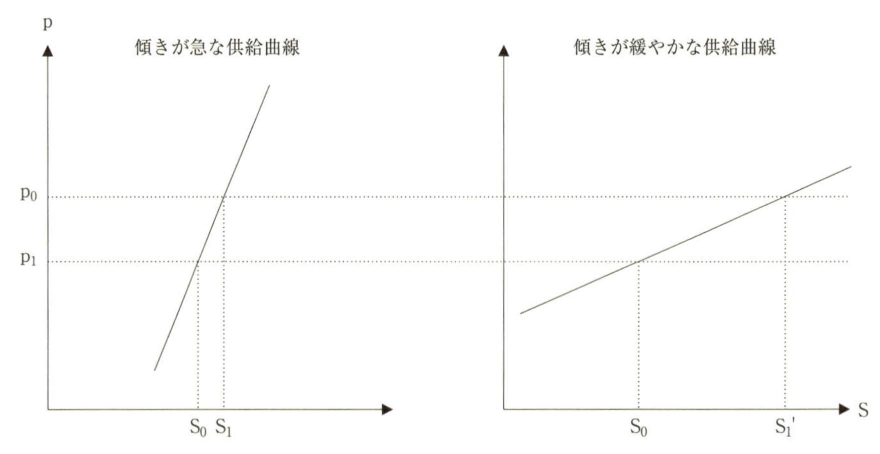

図 3.3.5　傾きが異なる２つの供給曲線

物の価格が低いか、生産性が低くて、十分な賃金が払えないかが考えられます。他の企業に比べて生産性の上昇が少なく、付加価値が少なく、賃金を上げられないのであれば、その企業は人手不足になるか、無理して賃金を上げて赤字になるかで、いずれにしても廃業に追い込まれることが予想されます。生産性の上昇は、コストを下げる方向に作用し、その結果供給曲線を右にシフト、つまり同じ価格でも供給量を増やします。

3.3.3　市場の役割　需要と供給の一致

さてここまでは、需要曲線と供給曲線を別々に考えてきましたが、この節では一緒に考えます。需要曲線は消費者側、供給曲線は供給者側のそれぞれの経済行動です。この２つの経済主体が対峙する場が市場になります。

(市場の役割：需要と供給の一致)

図 3.3.6 は前の図 3.3.1（需要）と図 3.3.4（供給）を合体させたものです。価格が p_1 なら、需要は D_1、供給は S_1 で、$S_1 > D_1$ ですので超過供給になり、通常価格は下がります。逆に価格が p_2 なら、超過需要となって

価格は上昇します。これが価格調整メカニズムです。

市場には多くの種類がありますが、もともとの「市（いち）」は、特定の日に開催される市（いち）のことでした。今のフリーマーケットはこの概念になります。陶器市、骨董市、古着市などがあって、消費者と供給者が直接対峙します。売れ残り気味なら、価格を下げ、売れ行きが好調なら価格を上げたりします。また価格交渉をするときもあります。鮮魚の卸売市場では、供給者が買い付けの業者、需要者は小売店舗になります。

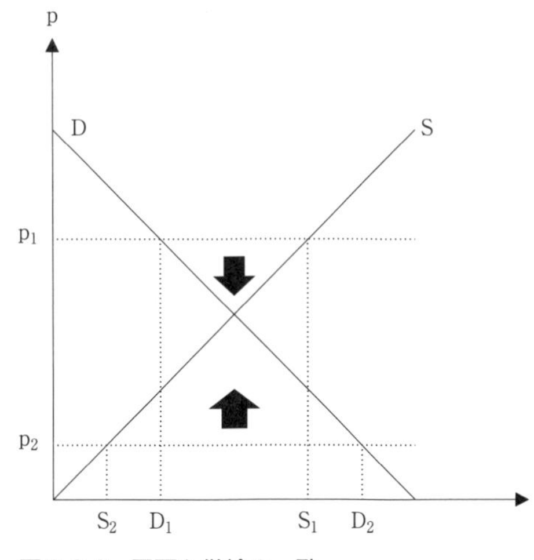

図 3.3.6　需要と供給の一致

需要と供給が一致するように価格が決定されます。そこでは政府が介入し直接コントロールすることではありません。これを自由市場といいます。自由市場による取引が基本となる経済を、自由市場経済と呼びます。世界的には今はほとんどの国がこの方式です。そうでないのを統制経済あるいは計画経済といいます。政府の役割は、市場経済がうまく機能するようにすることになります。

一致しなければどうなるのでしょうか。まず超過供給のままなら、売れ残りが発生し、在庫が増えるなどして、持続可能ではありません。逆の超過需要であれば、その価格で欲しいすべての人には渡らず、食品スーパーなら、棚の商品が直ぐになくなる状態が続きます。たまたま早めに行った人が購入することができます。人気のアーティストのコンサートチケットがすぐになくなるのもこれに該当します。この場合価格を引き上げればいいのですが、チケット価格が高騰すると、所得の低い層からクレームが出る可能性があります。どちらが公平かは難しい問題です。とはいえ基本は価格調整によって需給が同じ（均衡）になることです。

日本の第二次世界大戦のときには、食糧難でコメの配給制がありました。北朝鮮では今でも実施され、日本でも大きな震災後には、水などの配給制が行われます。このような非常時では、価格以外の配分方法になることがあります。しかし、現在の世界経済は基本的には、市場を通じた価格メカニズム、つまり価格による調整になります。

（市場の役割：コスト高対応）

市場経済は需給を調整するだけでなく、それを通じて経済が円滑にかつ効率的な方向に進むような機能があります。まずコスト的に優位あるいは努力して生産性を高めた企業は、供給曲線を右にシフト、つまり財サービスの生産を増やします。この結果超過供給が生じますので、価格は減少します。この価格減少によって、効率が悪く生産性や付加価値の低い企業は、赤字により撤退します。これは自然淘汰の世界です。それから、地球温暖化などの自然環境の変化で、ある農産物や水産物の供給が減少するのであれば、価格が増加します。供給者は暑耐性のある別の種類の稲を栽培し、魚を養殖します。需要側は代替財に置き換えようとします。これを政府が規制で価格抑制をすると、地球温暖化対応策が遅れます。

つまりコスト高な財は、その供給が抑制されたり、他の代替財に置き替えることなどが、市場によって進み、結果として社会全体が高コストを避けるようになります。政府が補助金を出すとその分、費用対策が遅れるのと、さらにその補助金の財源が赤字国債であれば、後々に影響が出ます[8]。

（競争状態と企業収益・独占禁止）

一般的には企業数が多いほどより競争状態になり、供給者（各企業や生産者）の価格決定権はなくなります。企業にとっては価格が所与となります。企業数が１つだけの場合は独占、複数あるときは寡占、非常に多く価格決定権を持たないときは完全競争といいます。１社しかない独占の場合、価格を利益が最大になるように自由に決めることができます。

原油はOPECプラスといわれる主要産油国が生産量を決めて、原油の価格を操作して、高めの価格にしています。これは世界政府があれば独占禁止法に触れる可能性があります。日本の携帯の主要な会社は現時点では、ドコモ、au、ソフトバンクの３社だけです。このため一定の価格決定権を持ちます。とはいえ格安の会社や楽天もあり、さらに電波の許認可は総務省が握っていますので、自由にこの３社が振舞えるかといえばそうでもありません。農産物の供給者である農家の数は多く、農家１戸のマーケットシェアつまり全供給に占める割合は小さいことが多く、農家は価格決定権を持ちません。

競争政策は企業の参入を促し、市場をより競争状態にして、その業界の質の向上、効率化、そして消費者や国民の利益に資することになります。独占の弊害は、価格を高めにでき、企業努力が不足し、消費者の利益が損なわれます。このため独占禁止法や公正取引委員会があります。企業が国際間で合併するときに、ある国での市場のシェアが大きくなるとその外国政府から反対されることがあります。競争相手が存在することが重要です。

合法的であるかとそうでないかの境界は、あいまいな場合もあります。優越的地位の濫用は、独占的地位を背景に取引先に不当な価格で仕入れすることなどです。公正取引委員会のHPでは、「優越的地位の濫用とは、自己の取引上の地位が相手方に優越している一方の当事者が、取引の相手方に対し、その地位を利用して、正常な商慣習に照らし不当に不利益を与える行為のことです。この行為は、独占禁止法により、不公正な取引方法の一類型として禁止されています。」とあります。「正常な商慣習に照らし」がポイントです。

飛行機なら、羽田と地方空港で１社しかない場合があり、他を使うことができないので、これは優越的地位になります。違反になるのはその地位を濫用し不当に高い運賃にすることです。不当に高い運賃でなくても、1社しかないときは複数の航空会社が乗り入れている場合よりも高めの運賃設定はあり得ることです。なお、1社であっても、有力な代替交通機関である新幹線や高速バスがあれば、必ずしも優越的地位ではありません[9]。

企業経営を考えると、高品質やブランド化で、優越的地位を築くことは、高収益や経営の安定を考えると、大切です。しかし一方で難しい課題です。優越的地位は代替する商品がない「only one」です。逆にいえばどこでも作れるものがメインの商品であることは避けたいことになります。この点最近コンビニや食品スーパーで増えてきているプライベートブランド（以下PB）商品は、名前の通った有名メーカー（これをナショナルブランドNBといいます）でなくても、同様な品質の商品を作れると解釈できます。NBを脅かしていると同時に、不遇であった食品メーカーを小売りが救ったといえます[10]。「only one」かそうでないか、あるいは差別化しているかが重要なことになり、企業努力の結果の独占は、社会経済的には、褒められるべきものです。

なお自然独占といって、結果としてそうなることもあります。田舎に行くと地域に食品スーパーやガソリンスタンドが1軒しかないことがあります。これは人口が少なく、最低規模から2社以上を満たす需要がなく、結果として1社だけになった場合です。この他、水道は、複数の配管があるのは非効率ですので、公営の1社しかないのが普通です。ガス、電力も基本は同様です。

3.3.4　さまざまな市場

3.3.4.1　金融市場　株式市場　債券市場

（市場と金利　よい借金と悪い借金）

金融市場は資金の需要と供給で、価格が金利になります。資金の供給者は資金の貸し手で、貸し手は預金者や投資家、資金の需要者は借り手で、借り手は企業（設備投資）、個人（住宅資金）、国（借金＝国債）、になります。資金需要は、金利が高くなると、総返済金額（元本＋利子）は高くなりますので、金利が他より高くなればなるほど、資金需要は減ります。実際1000万円借りて10年ですべて返済するとき、金利が１％なら、総返済額は1051万円に、３％なら1159万円、５％なら1273万円になります[11]。資金供給も1000万円預けておけば、同様に金利が上がれば、上がるほど収入（利息収入）が増え、資金供給が増えます。さて借金のイメージはよくないことが多く、借金を抱えてあるいは無借金経営、とかいう言葉があります。しかしお金を借りる場合でも、良い借金と悪い借金があります。

住宅ローンなら、30歳でローンを組んで広い新しい家に住むのと、古い家に住み続けお金をためて60歳になってから自己資金で家を建てるのでは、前者の方が、金利を払わなければならないものの、一般にはお得です。30歳で建築して、その新しい家からの便益を早くから享受できるからです。その年々生み出し続ける便益享受への対価が、元本と金利への支払いになります。たとえば、3600万円借金をして30年で返済、金利が１％とすると、毎月の返済は金利を入れて11.6万円、利払いや手数料は568万円になります[12]。この利払いなどが銀行の収入となります。毎月10万円預金すると、金利がゼロとして30年間で3600万円預金できますが、その差の1.6万円が先に消費できるメリットへの支払いになります。これはよい借金です。道路やビルも同様に年々便益を発生しますので、これも同様に傷んだ道路や古いビルでガンマンするよりもましと解釈できます。

一方悪い借金は、年々の便益が発生しない場合で、一時的な消費に対して、消費者カードローンなどを用いるときです。国の借金である国債は、道路や橋などへの支払いに国債で賄うときは建設国債で、単なる赤字を賄う借金である特例国債と区別され、建設国債の方が発行しやすくなっています。建設国債はよい借金となります。

（低金利の弊害）

日本の金融緩和は、金利を下げてさまざまな投資を活発にして、景気を良くしようとするものです。かなり長期間にわたって超低金利が日本では続いています。一方海外の先進国ではリーマンショックやコロナによる経済の落ち込みがあったときに一時的にゼロ金利政策が採用され、そうでない通常時は「金利のある世界」です。日本ではこの間、預金金利はほぼゼロ、貸出し金利は１％前後と「金利がない世界」に近いです。この政策評価については、国際的に長期間異例な状態であり、かつ経済のパフォーマンスが他の先進国と比べて良くないことを考えると成功とはいえないでしょう。

低金利の弊害でよくいわれるのが、金利の役割です。金利の上昇は、返済金が増えますので、投資の費用が増します。この結果投資の効率的選別をもたらします。つまり資金の借り手やそれをサポートする銀行側に、より高い収益をもたらすような、投資計画を作成する誘因をもたらし、逆に収益の低い投資は行われなくなります。このことは資金が効率的な投資に優先され、結果経済成長につながります。国際競争力や経済成長が下り気味の日本では、長期的に成長率を高める政策が必要です。

(間接金融と直接金融)

さて、街中にある銀行は、間接金融といって、預金者から集めた資金を、さまざまなところに貸し出したり投資します。銀行は預金金利と貸出金利の差、つまり利ザヤが主な収益源です。これに対し証券会社は、会社が発行する株式や債券の売買を仲介したことなどの手数料、あるいは自らの投資収益などが主な収益源です。貸し手の資金が直接借り手に結び付いていますので、証券会社のは直接金融といいます。

株式市場は、会社が発行する株の売買市場です。ある会社が１株が100万円として毎年３万円を配当として株主に渡すのであれば、収益率は３％になります。預金金利が１％とすれば、株式を購入したほうがお得です。しかし株は値下がりリスクがあります。仮に株100万円が１年後に50万円に下がると、配当をもらっても53万円になりますので、大損になります。もちろん逆もありますが、そのような収益の不確実性がありますので、金利よりも多少配当が高くても必ずしも購入するとは限りません。

債権は会社や国が発行する借金証書です。会社法上、株式会社は株主のもので、多数所有すると、会社の経営に影響を持つことができます。しかし会社が破産すると、その所有者である株主には会社がなくなるので、資金は戻りません。一方債権所有者には、破産したときには投資した資金が戻ることがあります。債券市場では債権が売買されます。金利が上昇すると、債券価格は下落し、金利が低下すると債券価格は上昇します[13]。ただし5年満期で満期まで持つと、元の売り出した価格で、引き取ってもらえます。ときどき含み損といわれているのは、このような保有する債券などの下落のことで、未実現損になります[14]。金融市場は、銀行などで預金貸し出しの他、このような株式市場や債券市場も含みます。金利がキーワードで、資金運用を考えると、銀行に預ける、株式購入、債券購入、などから選択します。銀行の預金金利が変化することで、株式市場や債券市場に影響が出ます。これに外国での資金運用が加わります。

(金利と円安)

さて現在（2024年10月）海外のほうが金利が高いので、海外で資金運用をするほうが得になります。そうであればすべての人が海外に預けますので、日本での資金が不足し、金利が上昇します。そうならない理由がいくつかあります。その1つが為替リスクです。これは上記の債券価格と同様で、いくら金利差があっても、ドル安円高になると、一気に差益は吹き飛びます。1ドル150円とし、1年後に1ドル100円になるとします。日本の金利が1％で、海外が8％で、150万円（1万ドル）アメリカで投資するとします。1年後はドルでは1.08万ドルですが、日本円では108万円（1.08万ドル×100円／ドル）と大損になります。とはいえ、ここまでの円高を予想しないとすれば、金利差が開くほど、ドルで投資しようとする誘因が働きます。ドルで運用するには、円をドルに交換、つまり円売りドル買いとなりますので、為替市場では、円安ドル高となります。このことは対ユーロ、対元などでも同様です。

3.3.4.2　労働市場

買い手は企業、売り手は家計になります。奴隷市場がかつてはありましたが、現代はこのような明確に、人を売買する労働市場はありません。図3.3.7では縦軸は賃金（w = wage）です。賃金が w_3 なら、労働需要は D_3、労働供給は S_3 で、超過供給状態（$D_3 < S_3$）で、賃金は下がります。いわゆる人手不足は賃金が w_2 で労働市場で超過需要状態（$D_2 > S_2$）にあると解釈できます。図からは賃金が上昇し、労働需要が減少し労働供給が増加して、超過需要が減少し、賃金が w_1 のときに、需給が均衡して雇用量がAとなります。このとき、図からは人手不足は解消になります。実際に賃金が上昇していますが、それでも人手不足が続いているのはなぜでしょうか。

1つ考えられる要因は、賃金上昇が不十分で、w_1 まで上昇していないことです。もう1つは構造的な問題です。少子高齢化による生産年齢人口の減少です。少子高齢化になると、消費人口（子供＋生産年齢人口＋高齢者人口）に対する生産年齢人口の比率が減少します。実際、生産年齢人口（総務省が定義）は2010年が8103万人、2020年で7509万人、2030年6875万人（推計）です[15]。このことは生産人口減＝供給減で、かつ需要人口はそこまで減りま

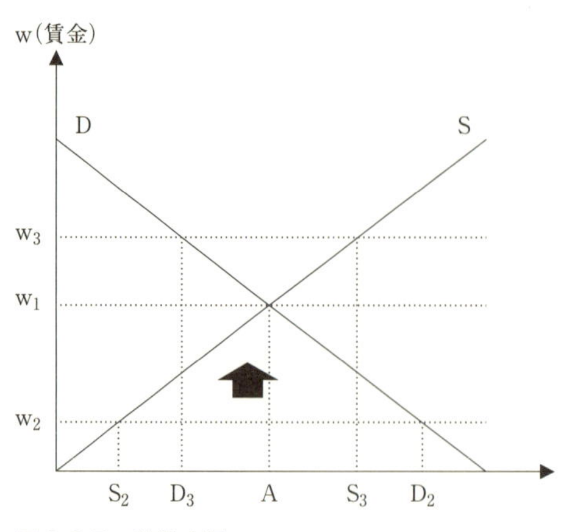

図3.3.7　労働市場

せんので、一国全体では財サービスの供給よりも需要が高い傾向になります。

このような状況が最近続いています。つまり労働供給曲線は、年々左にシフトしています。労働需要のほうは、退職して生産年齢人口からはずれても、退職後も消費活動を行いますので、その一定の消費の需要を支えるために、労働需要は存在します。もちろん退職後は収入が減りますので、消費は減少するものの、少子高齢化の影響で、消費人口（総人口）/生産年齢人口の比率は、増加しています[16]。対応策として、賃金増加の他、機械化やAIによる省力を行って、労働需要を減らす、定年延長などで労働供給を増やす、などが今後も続くことになります。

なお日本の大卒の就職決定率は高くて、若年者の失業率は国際的にはかなり低いです。大学を出ても就職先が少なく、若年者の失業率が高い国が多く、日本の若年者の失業率が3.7％に対し、ヨーロッパでは20％を超えている国が珍しくはありません[17]。隣の中国も若者の厳しい就職難がいわれています。

さて、最低賃金の引き上げは政治化しています。労働市場が均衡しているとすれば、図の賃金 w_1 に対して賃金を w_3 まで上げると、雇用量は D_3 と減ります。超過供給があると賃金は減りますが、最低賃金より賃金を下げることはできないので、働きたい人がいても雇うことはできません。この最低賃金引き上げの雇用への影響では、どちらかといえば、雇用が減少する研究が多いですが何ともいえません。労働生産性よりも賃金が低い場合は、賃上げの余裕があって、雇用を減らすことにはならないからです。この場合は労働者の利益になります。労働生産性＞賃金が、企業に多いのであれば、労働者の利益になります。一方そうでないとき、労働生産性＝賃金、つまり図の均衡であれば、雇用が減って必ずしも有利とはいえません。なお、賃金を上げると労働者はその分効率的に働き、労働生産性が向上するという効率性賃金仮説があります。

3.3.5 トピックス　食品売り場からお米が消えた 令和のコメ不足

2024年8月頃から、スーパーの食品売り場からお米がなくなり始めました。近年でコメ不足になった1993年は、冷夏で例年の約75％にまで生産量が落ち込み、海外から緊急輸入するなどでしのぎました。今回は供給面では、2023年は冷夏もなく作付け指数は前年並みでした。ただし、これは玄米（籾がない状態）の状況で、精米（皮を取る）すると、猛暑で収穫量が落ちていて実際は多少精米の生産量は下がり、2023年度米は例年よりも精米では1％～3％程度下がったようです。

需要面の一要因はインバウンドといわれています。しかし計算するとすぐわかりますが、需要の1％もありません[18]。外食産業の需要がインバウンドやコロナの回復で増えた記事もありますが、コロナからの回復で日本人が外食に行くことは、家庭内での食事が減って、全体のお米の需要にはほとんど影響はありません。他の輸入食材が値上げの中で、お米の価格は安定していて、その要因で需要が多少伸びたこともあると思われます。

この需給面からどの程度逼迫しているかは在庫を見ればわかります。在庫は下がっているものの、過去の動きからは、新米が出回る9月までにコメ不足になるほどの低下でもなく[19]、さらに加工用米や、年間700万程度の需要に対して備蓄米（100万t）もあります。そして海外からの輸入もできますので、コメ不足は発生することはないはずです。実際外食産業ではコメ不足が発生していません。

ではなぜ発生したかといえば、結局は一部の消費者や業者が買いだめあるいは多めに購入したことが考えられます。その経過は以下です。まずは、上のような需要と供給両方の誤解を招くような（偽）情報が出回って、やや品薄になっていました。そこに、南海トラフの注意喚起で一部の消費者や業者がお米のストックを増やし、そして報道では、品薄になっているスーパーの食品売り場の映像を流し、在庫はあるとはいっているものの、「不必要に買いだめをしないようにしましょう」までは呼びかけませんでした。さらに政府はそのようなメッセージをださず、早めに備蓄米を必要に応じて放出するともいわず、結果買いだめが一気に進んだ可能性が高いです。もちろんこのように発信すれば防げたかどうかはわかりませんが、情報発信が人々や企業の意識や心理に影響を与え、行動を変えるアナウンスメント効果は期待できます。

買いだめは経済学のゲーム理論では、相互の信頼がある知り合い同士であれば通常通り購入すればいいのですが、他人同士なので、お米が食べられなくなる可能性をなくすために、買いだめをします。社会全体としての信頼が必要です。この他行動経済学（第６章）の同調性志向のバンドワゴン効果も考えられ、他の人も多めに買っているので自分もとなります。いずれにしても結果、棚から消えて社会が不安になり、市場に任せると全体に不幸になる事例になりました。市場がうまく機能するには、適宜さまざまな対応つまり一種のマーケットデザインが必要です。

この章の需要曲線と供給曲線を用いると、令和のコメ不足は以下の図3.3.8です。供給曲線は１週間のスーパーでの供給量で一定とします。通常の卸からの納入量をOAとします。価格pのとき、需給が一致しています[20]。需要曲線１は通常の需要量です。販売店では価格はそれほど変化させず、需要の増減に応じて仕入れ量を増減させます。しかし今回のような場合は、需要曲線が大きく右にシフトした結果ABの人が購入できなくなっています。供給量は多少増やしているのでしょうが、そこまで追いついていないのでしょう。結果価格はp'と増加してしまいました。

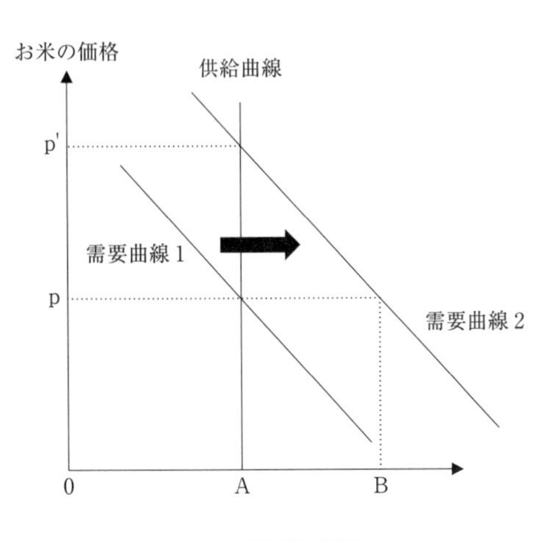

図3.3.8　コメ不足の需要と供給

なお過去の事例では、オイルショック（1973年）のときに、全国のスーパーからトイレットペーパーが、生産は減少せず、在庫があるにもかかわらず消えたことと似ています。きっかけはデマですが、消えたのは同様に同じ買いだめが要因です。また、令和のコメ不足で、危機感が大きくないのは、食に占めるお米の比率が下がっていて、他でも代替できることが背景にあります。ただ人々はこの経験から、何らかの要因で似たような状況になると、買いだめがこれまでよりも、容易に発生することが予想され、何らかの再発防止策が必要です。

注

1　戦国時代の終焉とともに、江戸時代初期の約1200万人から、農業生産は増加していきその後100年間で約3200万人まで増え、その後は江戸時代末期まで増えなかったといわれています。
（縄田康光、歴史的に見た日本の人口と家族、立法と調査 2006.10）
2　詳しくは第5章表5.2.8、表5.2.9
3　労働市場も目には見えませんが、アルバイトをするときにその時給なら働くか否かの決定、企業や事業所側が人手不足なら賃金を上げるという決定も同様です。
4　卸売市場の上の➡です。
5　経済産業省：経済センサス―活動調査産業別集計（卸売業、小売業に関する集計）令和3年
6　積み立て方式は物価の上昇などには対応できず、積み立て方式のみを採用している国はないようです。
7　図では直線で描かれていますが、慣習的に曲線と呼んでいます。
8　実際にエネルギー価格が高騰して、ガソリンなどに補助金を出していました。急な負担を避けて安定化させるのはいいのですが、そうであれば価格が急に低下したときには、課税しないと税負担あるいは財政赤字負担がかかります。ただ今の政治状況ではそのようなことは難しいでしょう。
9　東京（羽田）と富山間は1社だけです（2024年9月）が、新幹線や高速バスがあります。
10　PBを生産している企業には大手もあります。
11　毎月利息も含めて定額で返済する場合です。多くの住宅シミュレーションサイ

トで試算できます。

12　なお資金に余裕があって預金がかなりあれば、借金をしなくてもいいです。

13　この仕組みは入門レベルを超えますので、ここでは説明しません。

14　10万円、5年満期、金利２％で売り出した債権があるとします。10万円で購入したものの途中で債券価格が8万円になりますと、含み損が2万円になります。このときに売ると2万円の損が出ますが、満期まで所有していると10万円で引き取ってもらえます。

15　なお、2023年の18歳人口は109万人、65歳人口は145万人（総務省統計局）です。

16　総務省のデータから筆者が計算したところ、この比率は、2010年が1.58、2020年1.68、2030年1.73、2050年は1.93になります。

17　OECD: Data Exploratory - Unemployment

18　2024年6月に約300万人が訪日しています。1日約10万人訪日します。仮に4日間滞在するとして40万人分の食料需要が発生します。これは日本の人口からすればわずか、0.33％です。

19　農林水産省：米をめぐる状況について令和6年6月

20　通常でも在庫がありますが、ここでは簡単化のために無視しています。大事なことは販売量と供給量（スーパーの仕入れ量）が一致していることです。このとき店の在庫はなくなることはなくそれほど変化しません。

第4章

食消費者行動の基礎

キーワード

最適行動
●
限界原理
●
所得と需要
●
弾力性
●
エンゲル係数
●
情報の不完全性
●
同質財と異質財
●
期待値
●
日本人のリスク回避国民性
●
食消費の習慣形成と食文化

この章で学ぶこと

需要曲線の背後にある消費の基本が、効用最大化の最適行動です。身近ではあるものの、無意識に行動していることに気が付きます。コストベネフィットの世界で、消費のコストは価格、ベネフィットは効用（満足度）です。最適な消費とは何かや所得が消費に与える効果を学びます。食消費比率のエンゲル係数の国際比較を行い美食の国が高いことがわかります。消費者にとってもビジネスでも基本的な概念である、財の「同質か異質」か、その財をよく知っているかの「情報不完全性」の意味を考えます。

次に食行動を考えるときに、安全や新奇の食への期待・不安や不確実性があります。日本人はリスク回避の国民性が諸外国よりもかなり強い国で、このことがさまざまな影響を与えています。

食消費特有の性質は、選好が住んでいる場所の気候、動植物、先天的な遺伝子と後天的な幼児期などの食習慣から由来し、さらに調理行動があることです。食の安全と安心がどのように異なり、客観的な安全の基準が何を基に作成されているか、それは確率の世界でもあることを理解します。最後に、賢い消費者になるための、ヒントを述べます。

4.1 最適行動

4.1.1 限界原理

消費者にとってチョコレートやケーキが好きでも、いくらでも無限に食べることはなく、どの程度の量まで購入するかを決定しています。このどの程度の決定原理が限界原理になります。限界は英語のMarginalの訳です。Marginalは、周辺とか境界という意味で、ここではある価格でどこまで、つまりどの辺りまで消費するかの限界（境界量）を示します。

政策においても、コロナが流行った頃に行動制限をどこまですればよいのか、食品安全や衛生でもどの程度規制をするのか、貧困者対策は是としても、いったいどの程度まで生活保護費を出せばよいか、などなどです。基本、コストベネフィット分析でもあります。街の信号でも安全だからといって増やすと全ての交差点が信号だらけになってしまいます[1]。服が好きな方ですと多くの服を持っていますが、好きなので追加的に衣服を購入しても得られる満足度がなかなか減少しないので、何枚も購入します。追加的に購入した服1枚から得られる満足度を限界効用といいます。限界原理では限界効用、つまり1個追加的に消費したときの満足度が費用を上回れば購入し、逆では購入しないことになります。なぜ購入するのかといえば、満足度あるいはそれで得られる効用が費用を上回るので、利益を得られるからです。

1個100円のアイスがあったとします。これを1日あるいは1週間でどの程度消費するのでしょうか。コストは1個100円です。これに対しベネフィットはその追加的に得られる満足度です。便益、効用ともいいます。ポイントは追加的です。ある消費者の最初の満足度を金額で表し、180円とします。この場合は購入します。2個目が140円、3個目が80円とすると、この消費者は2個までは消費しますが、追加的に3個目は満足度が80円に対しコストが100円ですので、消費しません。満足度が消費の増加につれて、減少することを、限界効用逓減といいます。ビールなどの飲み物も同様です。このことはグラフ 4.1.1 に示しています。

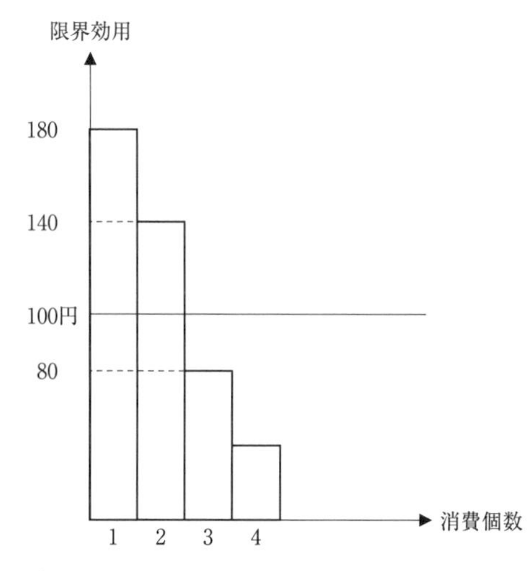

グラフ 4.1.1　限界効用

限界効用はいくらまで払ってもよいかの支払い許容額（評価額）でもあります。あるアイスが 100 円の（限界）効用であるとき、価格が 120 円になり 100 円を超えると払いません。ビジネス上は、消費者にこれなら○○円は払えるとか支払い許容額、つまり商品への評価額をいかに高めるかが重要です。食ですと味はもちろんですが、独自性や安心、地域貢献、素敵な空間提供、パッケージ、ネーミングなどで高めます。

このような限界原理の考え方は消費だけでなく、鉄道の新線などのプロジェクトにも適用され、ベネフィット / コスト比率が 1 を上回ることが、建設開始の目安になります。ただしこのベネフィットには鉄道利用者からの収入だけでなく、それによって増える観光客による地域の宿泊や買い物、食事などの収入、あるいは渋滞解消、地域の地価の上昇による固定資産税の増収、地域の活性化も加味されます。鉄道の建設に国や地方自治体の資金が入るのは、このようなことが要因です。鉄道の廃止も同様で、インフラ関係の路盤の維持や車輌購入費を国や地域が負担する根拠は、このような考え方があります。また、田舎の路線が赤字であっても、その路線に全国から鉄道ファンが押しかけて来る場合、東京や大阪からの運賃収入が入ってきます。この路線だけで見ると赤字でも、この運賃収入を入れるとまた違ってきます。ここでの限界原理は路線を廃止する場合に、削減できる費用と鉄道会社の収入と地域の総合的な利益を比較することです。このような事業者以外の収入を正の外部性といいます。

4.1.2 複数財の選択と効用最大化

複数の財を選択するときの最適な消費行動を考えます。2つがわかるとそれ以上は類推できます。2つの財の理論的な効用あるいは満足度を最大にする最適消費行動は以下の式で表すことができます[2]。

$$\Delta U_x/p_x = \Delta U_y/p_y$$

ここで、xとyは、ある財xとyを表します。p_xはx財の、p_yはy財のそれぞれの価格です。ΔUxはx財の、ΔUxはy財のそれぞれの限界効用で、1単位消費したときに対する満足度です。たとえばxをお茶のペットボトルで1本を150円、yを水のペットボトルで1本100円、とします。お茶のペットボトルの満足度が200で、水のが100のとき、どちらを購入すればいいのでしょうか。1円当たりの満足ですと、お茶は、200/150、水は100/100ですので、お茶の方が1円当たりの満足度が高いので、お茶を購入します。予算が300円であれば、300円で2本お茶を購入すれば、満足度は400、水は3本買えますが満足度は300です。「コスパ」は経済学ではこの比率に該当すると解釈できます。「安物買いの銭失い」という言葉があります。たとえば1個100円のアイスの満足度が80で、300円の美味しいアイスの満足度が、300であれば、80/100＜300/300なので、安いアイスはコスパがいいとはいえません。この場合、安いアイスを3個300円買って食べても満足度は240ですので、300円のアイスを買います[3]。

別の視点で、300円持っていたとして、安いアイスを購入すると高級アイスを食べることができなくなります。安いアイスを購入することの満足度は240（80×3）ですが、それによって高級アイスから得られる300の満足を放棄することになります。得る満足度と失う満足度を比較すると、この場合は失うほうが大きいので、安いアイスは購入せず、高級なほうを購入すると、得るのは300、失うのは240ですので、高いほうを購入します。メリットは300を得ることで、デメリットは失う240になります。

さてお茶の例に戻りますと、最初1本飲んで飽きてくることがあります。1本飲んだあと飽きてきて満足度が120になったとします。この場合は、120/150（お茶）＜100/100（水）ですので、今度は水を飲みます。このように人々はさらに次のもう1本とか追加的に、つまり限界原理で考えます。このようなことは食と他との関係にも当てはまります。消費のうち、食にどの程度回すのか、日本、イタリア、フランスなどの食に関心がある国では、食からの満足度を高く評価しますので、食により多く支出してエンゲル係数（食消費／全体の消費）が高くなる傾向があります。

4.1.3　所得と需要

所得によって、消費内容が変わります。この説明には支出の限界効用あるいは機会費用という概念を用います。収入が限られているので、低所得者にとっては、高級アイスの購入は、他の財を購入できなくなることによる効用の減少が、大きくなります。この結果安いアイスを購入します。たとえば家賃をのぞいて、1カ月に1万円で生活しなければならないとき、先ほどの高級アイス300円の出費は痛手になります。しかし前の説明では高級アイスを買う方が効用は高くなります。このことを機会費用の概念を用いて説明します。

あることに1000円使ったときに、他の財に使える機会を失います。機会費用とは、そこから得られたであろう失われた効用を指します。時間もそうで、ある映画を見たときに、別の映画を見る機会を失います。忙しくかつ高所得の人ほど、時間の機会費用が大きいので、タクシーや新幹線を使います。一般的にエンゲル係数は低所得の人ほど高くなります。つまり食費を削ると最後死んでしまいますので、食以外に使うことの機会費用が大きくなり、機会費用の少ない食費に回します。

さて、1カ月1万円で生活するとき、1日300円程度の生活費しかないので、300円のアイスを購入するときの機会費用、つまり300円分の効用の減少分は大きいです。一方所得1億円の人の300円の機会費用はわずかです。前の説明では、300円の支出で、満足度の相違を比較していました。このとき、100円支出と300円支出の効用減少分は、比例すると仮定していました。しかしながら、1日の生活費がわずかであれば、100円のときの効用減少分は1日300円になると3倍以上になると考えられます。

人気のあるコンサートはすぐに売れるので、超過需要が発生しています。そのときチケットを上げればいいといえばそうですが、同じようにチケット1万円支払うにも、所得の低い人と高い人では、負担つまり機会費用あるいは効用の減少分が異なり高所得の人が有利となります。一方所得の高い人は税金を多く払っているのと高所得は努力の結果であるとすれば、平等ともいえます。何が負担の公平かは人々の価値観にも依存しますので、明確な答えはありません。

4.2 需要の2つの弾力性　価格弾力性と所得弾力性

4.2.1 需要の価格弾力性

価格の変化にどの程度需要が反応するかを、需要の価格弾力性で表すことができます。これは1％価格を上げたときにどの程度需要が下がるのかの程度です。1％価格を上げたときに需要が1％下がれば、需要の価格弾力性は1と定義されます。0.5％下がれば0.5、2％下がれば2となります。売り上げ額＝需要数量×価格ですので、このとき、

売り上げ額の変化率≒需要数量の変化率＋価格変化率

になります。≒はニアリーイーコール（nearly equal）で、ほぼ等しいとか近似できるという意味です。価格変化率で両辺を割ると、売り上げ額の変化率／価格変化率≒需要数量の変化率／価格変化率＋１となります。需要の価格弾力性をε（イプシロン）で表すと、εは、

ε＝－需要数量の変化率／価格変化率

と定義されます。価格を５％上げたときに需要が10％下がれば、ε＝－（－10％）/5％＝２となります。価格の増加率以上に需要が減少しますので、売り上げ額は下がることになります。数値例では、売り上げが100個、価格が100円として、この２の場合、値上げ後、それぞれ90個、105円となり、売り上げは100×100円＞90×105円（＝9450円）と減少します。逆に５％上げたときに１％下がれば、ε＝－（－１％）/5％＝0.2となります。売り上げは、100×100円＜99×105円（＝10395円）と増加します。結局、売り上げを考えるときには１が目安になります[4]。価格設定は重要で、少しでも高い価格設定をしたいものの、高くすると顧客が減るので迷います。このときの売り上げ額増減の目安が価格の需要弾力性になります。

この需要弾力性を決める要因は何でしょうか。１つは代替性です。ある財の価格が高くなるとその財の使用を減らして、他の財を使用、つまり他の財に代替しようとします。しかし存在しないあるいはすぐには変更できないときは、需要は下がることはありません。たとえば大都市の電車利用で１路線しかなく、車は渋滞するのであれば、その電車が値上がりしても、代替手段がないので、使うしかなく、電車の需要は減りません。高校生や大学生の通学では、車通学はないので、渋滞していなくても同様です。一方競合していて複数の路線が使えるのであれば、値上げをすると、他の代替できる競合路線に移ります。都内と横浜ですと、JRの他京急と

東急、京都と大阪なら、JR、阪急、京阪となります。地方になると同じJR でも競争相手は、車などになります。

食関連では、差別化の程度あるいは消費者がどこまで違いを認識しているかに依存します。お茶やコーヒーのペットボトルは、ある銘柄が好きであれば、多少高くても買いますが、そうではなくこだわりがなければ、価格のみで判断し、安いペットボトルを購入します。カップ麺、チョコレート、ポテトチップス、などなど、全く同じ味はなく、どれもある程度差別化をしています。消費者は、商品群をまんべんなく消費するのではなく、ある程度決めた商品を、繰り返し消費するといわれています。カレーのルーですと、ハウス、ヱスビー、グリコが主要食品メーカーで、今週はハウス、来週はヱスビーとかではなく、決めたのを購入します。この結果ある会社が値上げをしても、1円でも安ければ他の会社のを購入することはなくなります。値上げをしてすぐに逃げるのは、こだわりがないあるいはそれほどファンではない層になります。このこだわりをブランドへの忠誠心というときもあります。

食の原産地表示は、産地のブランド化に成功していれば、有効になり、代替性が低く、高収益が期待できます。地域の特産では、関サバ、丹波まつたけ、大間のまぐろ、魚沼産コシヒカリ、宇治茶などです。一方で品質は変わらないが、知名度がないために、他のブランド名として売られることもあります。中国産は嫌われることもあって、実質中国産でも日本産として合法的に表示されることがあります。

4.2.2 需要の所得弾力性

所得が増えたときに需要がどの程度増えるかの指標を需要の所得弾力性といいます。所得が1％増えたときに、需要額が x ％増えると、需要の所得弾力性は x と定義されます。一般的には、所得に占めるある財の消費比率、すなわち需要比率＝需要額 / 所得、の変化は、

需要比率の変化率≒需要額の変化率－所得変化率

になります。所得変化率で両辺を割ると、需要比率の変化率／所得変化率＝需要額の変化率／所得変化率－1となります。需要の所得弾力性をη（イーター）、すなわち、

η＝需要額の変化率／所得変化率

としてηを用いると、

需要比率の変化率／所得変化率＝$\eta-1$

となります。所得が10％伸びて、ある財の需要が15％伸びれば、その財の需要の所得弾力性は、15/10＝1.5になります。需要の価格弾力性と同様に、1が目安になりますが、0も目安になります。ηが負の値であれば、この財は下級財、正の値であれば上級財もしくは普通財といいます。必需品は、$0<\eta<1$、奢侈品は、$\eta>1$です。ηが1であれば、所得に占める需要比率の変化はなく、所得に占める割合が5％なら、所得が増えても同じになります。下級財は安価で品質が悪い財です。必需品は必ず必要なので、所得が低くても、既に最低限の需要を満たしています。このため所得が増えてもそれ以上需要することはありません。一方所得が下がっても必需品なので、需要を下げることはありません。所得の伸びほどには増加しませんので、結局必需品の所得に占める割合は所得の増加とともに減少しますので、$0<\eta<1$です。

奢侈品は高級な財で、富裕層が好んで消費する財です。ビジネスでは、所得弾力性による分類のどの範疇の商品か、あるいは新商品がどれに分類されるか、あるいは商品の顧客ターゲットゾーンをどこかを明確にするこ

表 4.2.1　必需品の国の所得階層別の所得弾力性

	所得弾力性		
	発展途上国	中間国	先進国
小麦	0.92	0.52	0.17
米	0.62	0.42	0.23
卵	0.78	0.58	0.30
砂糖	0.93	0.85	0.77

＊小池、中尾著、「食料品需要の所得弾力性分析による食料需要の構造変化に関する研究」より抜粋

とは大事です。

左の表は必需品の食材の所得弾力性です。いずれも0と1の間にあります。発展途上国では十分に満たされていないのか、弾力性は高めです。中間国、先進国となるにつれて、つまり所得が上昇するにつれて、弾力性は低下していきます。一方砂糖は所得が上昇してもそれほどは減少しません。甘いものは脳が欲しがる性質をもっていて、所得が増加しても減らさず、肥満や糖尿病の要因になるといわれています。

エンゲル係数は、食の消費に占める食への支出です。グラフ 4.2.2 は近年の先進国を示しています。エンゲル係数は経済発展すなわち、所得の増加とともに、このグラフにあるように年々減少してきましたが、近年2005 年以後は下げ止まり、あるいは上昇の兆しが先進国で見られてきています。さまざまな要因が指摘されていますが、1つの要因としては食が全体としては必需品の割合が減少し、奢侈財の割合がここにきて増加していることが考えられます。美食、あるいはグルメとしての食の要素が強くなってきているといえるでしょう。他には近年食材費が増えていることもあります。

なおイタリア、フランス、日本など、食への関心が強く、○○料理がつく国々のエンゲル係数は高く、そうでない○○料理とは聞かない国の係数が低いことがこの図からからも明らかです[5]。グラフ 4.2.3 は日本のエンゲル係数の戦後から 2005 年までの推移です。縦軸はエンゲル係数です。第二次大戦後は約 2/3 を食に支出していて、その後一貫して下がっていることがわかります。

さて、所得の増加とともに安全への関心はより高くなり、この結果技術

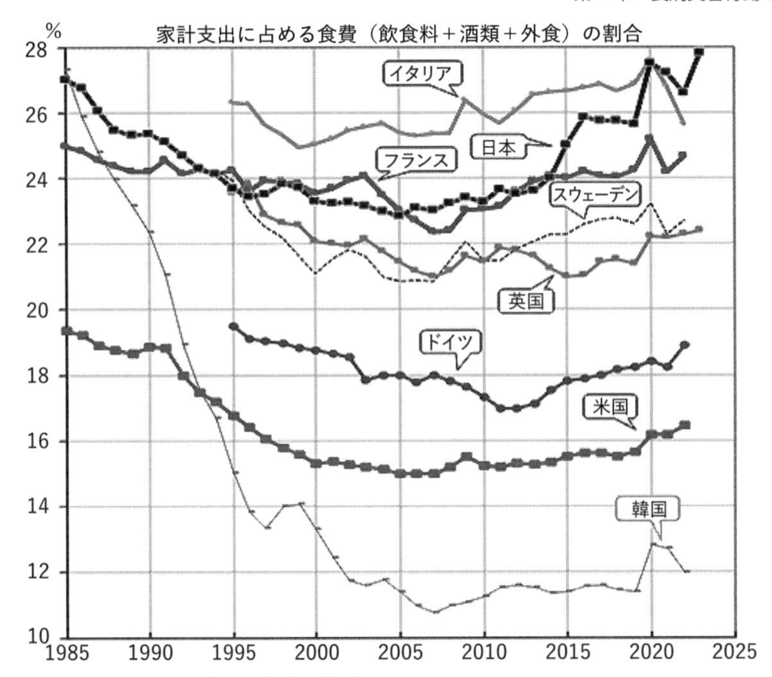

グラフ 4. 2. 2　エンゲル係数各国比較
出典：社会実情図録

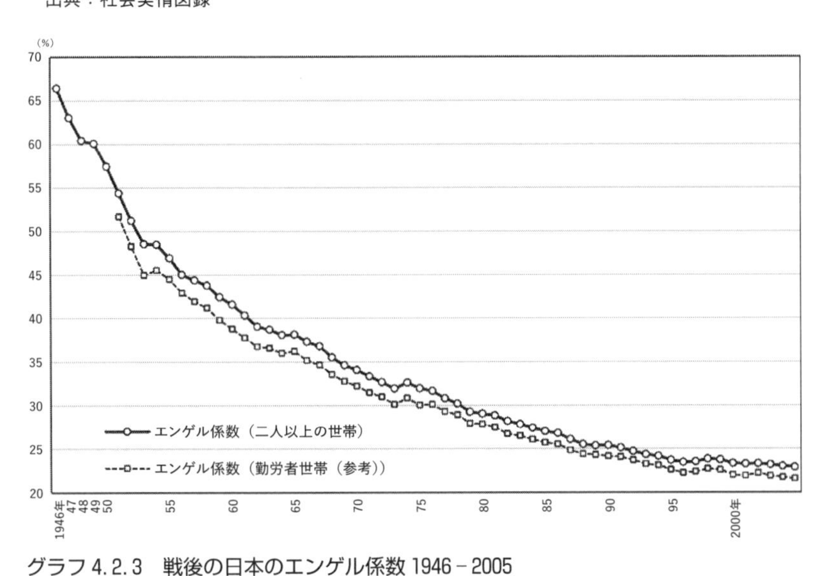

グラフ 4. 2. 3　戦後の日本のエンゲル係数 1946－2005
出典：阿向泰二郎、明治から続く統計指標：エンゲル係数　総務省統計研究研修所 研究リサーチノート no. 5

進歩や社会の取り組みもあって、交通事故やその他の事故で死亡する人数（近年の交通事故死亡者数は約2700人）は減ってきています。食の安全への関心も高まり、日本では1960年頃までは食中毒で死亡する人が300人を超えていましたが、令和5年では、患者数は約1万2千人で死亡数は4名です[6]。なお世界の食中毒の患者数は6億人を超え、死亡者数は42万人（2015年）とWHOは推計しています。世界の人口を考えると、食中毒や食あたりは普通に時々かかるものであることがわかります。日本の対総人口の食中毒罹患率は約1/12000、患者の死亡率は4/11000、世界はそれぞれ、約6/74、約7/10000で、日本の罹患率がかなり低いことがわかります。所得の増加は一般的にはこのような意味で人の命を大切にすることがわかります。

4.3 一物一価

4.3.1 情報の不完全性

評価される商品では、同じ価格に対する需要は高くなり、高価格そして高収益、あるいは売り上げ増となります。従来と同じ商品を作っていた企業の商品は売れなくなります。売れなくなった企業は、対応策として、より良い商品を作るか、あきらめて作らなくなります。これは自然淘汰の世界です。一方この過程でよいものが残るためには消費者が、当該商品のことをよく知っているということが必要です。正しく評価できないと、情報の不完全性の状態となり本当に良い商品が社会に出回らなくなります。逆に売り手、買い手とも財の情報を知っていることを情報が完全であるといいます。一物一価は同じ財は同じ価格であることを意味します。しかし同じ財であることを判定するのは実は難しいです。電気製品や住宅になるとよくわからないことが多いです。食品は、少額で購入し食べてみることが可能で、まだ何とかなりますが、それでも限界があります。

売り手と買い手で、財の情報について片方のみがよく知っていること、あるいは情報量に差があることを、情報の非対称性といいます。医療サービスでは医者が、教育サービスでは教員が、よく知っていて、患者や学生側はそれほど知りません。このような情報の非対称性は普通の財サービスでもよくあることです。知らない街で食堂に入るときは迷います。電化製品を購入するとき、消費者には製品ごとの相違はなかなかわかりません。

コマーシャルや広告、SNSの口コミ情報、レヴューや評価は、情報の不完全性や非対称性を解消するものです。また試食もそうです。ただし、コマーシャルやCMは供給する商品の良い側面あるいは消費者に受けそうな点のみを強調します。この結果、消費者の無意識のそれも時々誤解している価値観に訴えることがあり、消費者の選好に影響を与え、必ずしも、正しい評価につながらず、消費者の利益にならないことがあります。レヴューについてもどこまで信用すればいいかは、個人の判断になります。CMには、イメージ重視で、特に具体的な製品を推すものではないのと、特定の新商品を推す場合があります。CMは、人々が知っている会社や知っている商品を購入する習性を利用しています。企業側の戦略を知ったうえで、安易に知っている企業の商品に飛びつくのは、気を付けたほうが良いかもです。CMにはコストがかかりますので、その分を価格に上乗せしていることもあります。

食品表示は商品を見極めるうえでは、大事です。しかし原産地表示は必要かといえば、必ずしもそうでもありません。たとえば食品では有名な産地と、そうでない産地では、同じ品質でも、有名な産地の方が高く売れます。しかし表示方法を種類ではなく、品質を表す統一した表示にすれば、産地によるいわれなき評価が改善されることがあります。この他買い手が企業で売り手が家計の労働市場でも、情報の非対称性が存在していて、教科書的には、売り手は自分のことを知っているが、雇用する企業は知らないと説明されています。企業は正社員の採用で失敗しない工夫をしていますが限界があります。一方雇われる側の労働者は、働いてみないと仕事がわからない、あるいは働いてみて自分の限界と可能性を再認識することもあり、双方で情報の非対称性が存在します。

4.3.2 同質財と異質財

情報の不完全性と関連した概念に、同質財と異質財があります。ペットボトルの水、たとえば、六甲と南アルプスの水では、区別がつくか否かで学生にアンケートを取ると、つかない人が結構います。個人差があるものの、区別がつかなければ同質財に、つけば異質財となります。コンビニのおにぎりや100円コーヒーも同様です。

一物一価は同質な財であれば一定の条件下では同じ価格になることを意味します。もちろん、実際に完全に一物一価な世界はありません。

テレビ、冷蔵庫、炊飯器などのように、多くの種類の電化製品が販売されていて、何がどのように異なって結果どのように違うのか理解できる人はほとんどいません。またいろいろな機能がありますが、それは必要かどうかもよくわかりません。食品は、安価で食べることができますので、まだましです。ただし1つ1つの商品を調べて、ネギは1番安いA店で、トマトはB店で購入することは、面倒なのでしません。なお、競合する食品スーパーが多いと、概ね一物一価は成立していると考えられます。

生産者からすれば、自分の商品はいかに優れているか特徴があるかをアピールしようとします。これを差別化（異質化、Product Differentiation）といいます。一方で同質化あるいはマネをする戦略もあります。他社が先駆けて販売して売れているペットボトルがあるとすれば、法律や規則に抵触しない範囲でそれに真似て、発売します。内容は同様でも表面上は、特徴をアピールすることもあります。世の中の商品では似ていて何が違いかよくわからないのが多いのは、このことが一因です。このような実質同質財はほぼ同様な価格で売られ、一物一価的な世界が出現しています。ブランド化に成功しているのは、このような同質財の世界から抜き出せた商品を販売している知名度の高い企業や地域ブランドです。ブランドの確立は、他では真似ができない、知名度がある、消費者が好意的なイメージを持つ、信用度が高い、などが必要で、時間がかかります。

4.3.3 トピックス

一物一価ではないトピックスをいくつか例示します。需要曲線あるいは弾力性が異なることが背景にありますが、ここではその関係の詳しい説明は省略します。

(男女別料金などの料金差別化)

同じサービスでも、シーズン料金や男女で料金設定を変えることがあります。学割もその一種です。シーズン料金は需要が異なるので、トップシーズンは高く閑散期は安くし、設備や従業員の稼働率を安定化させることが効率経営になります。不公平であるとの考え方がありますが、これによって設備を効率的に使用できますので、シーズンを通して同じ料金よりも、平均価格は下がり、全体として消費者にとっても利益となる可能性があります。焼き肉の食べ放題で、男女で料金が異なるあるいは60歳以上を安くするのは、一種合理的ではありますが、これによって客単価が下がります。一方で来客数増によって、売り上げが増えることもあり、利益にはプラスマイナス両方の場合が考えられます。店の状況にもよりますので、やってみないとわからないでしょう。

(ランチ営業をするのかしないのか)

通常の飲食店では、ランチをするところとしないところがあります。両方していても、ランチの方が価格や内容を抑えているところが多いです。この要因としては、場所や店舗にもよりますが、消費者の支払い許容額が昼と夜で異なり昼の方が低いことです。夜と同じサービスで同じ価格設定でも、昼になると売れません。昼の方が忙しくゆっくり食事をするわけでもないので、どうしてもそうなります。ただし昼だけ営業の蕎麦屋などは、ターゲット層などが違いますので、これは当てはまりません。

店側としては、お昼に営業すると、食材費に加えて人件費がかかります。昼はお酒の注文が少なく客単価が低いなどで、利益率が低く、従業員の長時間労働になりかねないです。ただし、店の賃貸料や設備はランチ営業で余分にかかることはありません。余っている設備や従業員を使います。1500円のランチに対し、食材費などが800円、人件費相当が600円であれば、限界費用は1400円で、限界収入は1500円なのでランチ営業によって客がある程度入れば赤字になることはなく労働者の収入は増えます。ポイントは限界費用に賃貸料などの固定費用が入らないことです。この固定費用はディナーでカバーする考え方です。ディナーだけの営業は、そこで十分収益があるなど、収益率が低いランチ営業をしなくてもよいことが考えられます。

(その他、ホテル、飛行機格安チケット)

このような限界原理の応用で、ホテルや飛行機の格安販売があります。ホテルや飛行機は、客が来ても来なくても、その固定費（ホテル：建物の建築費用・維持費用・従業員、飛行機：航空機代金・燃料代・操縦士・客室乗務員・地上スタッフの人件費・空港利用料）は、同じです。さらに客が増えたときの限界費用は、それほど多くはありません。ホテルなら水道代、シーツ交換・掃除費用、飛行機は１人増えてもわずかな燃料代に国内線なら無料の機内の飲み物代程度です。

通常の料金が固定費もカバーするのに対し、格安は限界費用を上回ればいいので、結構安くなります。空き室で稼働させる、あるいは空席で飛ばすよりも費用を掛けずに売り上げが増します。ホテルは全80室あるとして、空きのある60室予約よりは安くして満室の80室予約にしようとします。飛行機も同様です。同様なことは新幹線でもできそうですが、新幹線ではシーズン料金はあるものの、飛行機ほどではありません。

4.4 不確実性とリスク・リターンの選択

社会はすべて不確実性、つまり将来何が起こるかわからない状態です。消費の選択でも、知らない商品やサービスに不確実性があって、買った商品が失敗だったらという不安があります。食行動には、美味しさや、食の安全に対する不安があります。

4.4.1 期待値　還元率

リスク選択は、不確実性である確率と関係があります。たとえば200円だせば、1/2の確率で100円もらえ、1/2の確率で400円もらえるくじがあるとします。貰える予想収入、これを期待値（平均の貰える額）といい、この場合は、

0.5 × 100円 + 0.5 × 400円 = 250円

で、200円よりも多いので普通このくじに参加します。一方2/3の確率で100円もらえ、1/3の確率で300円なら、期待値は（2/3）× 100円 +（1/3）× 300円 = 400円/3と、期待値が400円/3で、200円よりも少ないので参加しません。リスクは200円が100円になることでその確率が2/3、リターンは、300円もらって得をすることでその確率が（1/3）です。

世の中リスクとリターンは無限にあります。車に乗るときのリスクは事故にあうこと、リターンは快適に早く移動できることなどです。食品を購入するときは、リスクはまずいとか一部腐っていたことで、リターンはおいしく食べられることになります。旅行でも期待を裏切られる場合とそうでない場合があります。結婚や付き合いのリスクは、離婚や別れること、リターンは幸せになる、1人ではなくなるなどです。

上の期待値が400円/3でも、購入する人がいます。宝くじやギャンブ

出典；illust AC

ルの世界です。リスクとリターンの実際の行動を宝くじで説明します。1000円で購入すると、1000万円当たる確率は、2万分の1、それ以外はもらえないとします。期待値は1000万円×1/20000＋0円 ×19999/20000＝500円となります。還元率は支払に対する平均の戻ってくる割合で、この場合は500円/1000円で50％になります[7]。宝くじの還元率は法律で5割を超えてはならないとなっています。つまり平均では損をし、リスクがリターンを上回ります。なお宝くじの収益金は地方自治体に流れます。競馬、競輪などのギャンブルは、主催者側への一定の利益と、開催費用などがあって、その分平均では損となり還元率は約75％となっています。

投資の世界は、「ハイリスクハイリターン」か「ローリスクローリターン」です。前者は、損をする確率もあるものの上手くいったときは収益が大きく、後者は損をする確率は低いものの収益も少ないことを指します。金融商品なら、通常の預金は元本保証といって、100万円預けると銀行が倒産しても預金は帰ってきますが、その代わり預金金利は現在ゼロに近いです。これはローリスクローリターンです。逆に外貨預金は8％を超えるものもありますが、その国の通貨が安くなると、大損になることがあり、これを為替差損といいます。こちらは元本保証はなく、ハイリスクハイリターンです。宝くじやギャンブルはハイリスクハイリターンの世界です。なおハイリスクローリターンあるいはローリスクハイリターンはありません。ハイリスクローリターンなら明らかに損をするので、購入する人はいません。ローリスクハイリターンは購入したい人はいても、売る人はいません。ローリスクハイリターンのおいしい話は基本ありませんので、詐欺にあわないように気を付けましょう。

4.4.2　リスク認知と効用　ギャンブルと保険

なぜ、人々はギャンブルをしたり、宝くじを買うのでしょうか。それは人々のリスクやリターンへの選好です。宝くじでは高額の金額当選で大金持ちになれるかもという夢です。ドキドキするとかストレス発散、選手や馬が好きとかもあります。スポーツ観戦では接戦でどうなるかわからない、映画でもスリルとかの方が、確実に勝つとか成功するよりも気分が高まります。

保険は真逆ですが同様に説明できます。保険の掛け金は、火災や交通事故への支払いと、保険会社の人件費や運営に使われます。このため全体としてはギャンブルと同様に、還元率は100％ではありません。火災になって家が焼けたり、交通事故にあって多額の賠償金を請求されたり死亡すると、大変です。そのようなリスクを避けることができるという安心、その安心で効用が上昇しますので、それに対する対価です。たとえば家が火災になって元に戻すのに家財も入れて3000万円必要だとします。それがリスクです。

火災保険の掛け金が年間２万円とします。年間で火災になる確率が仮に、0.001％とします。そうすると平均の損害（期待値）は、3000万円×0.001％（1/10000）＝3000円となります[8]。この結果、２万円＞3000円なので、損にはなります。しかし燃えて家を再建するとなると、大変な損失で、財産を火災から守ることができるという、安心を選ぶ人が、火災保険に入ります。逆に燃えることはないと思う人は火災保険に入りません。同様に自動車保険は年間で高いと10万円を越すこともあります。加入するしないは個人のリスク嗜好や確率への判断に依存します。

通常一般の方は火災になる確率を知らず、また知ったとしても、0.001％をどう判断するかはよくわかりません。専門家による統計に基づくリスクを客観的コンパラティブ（比較）リスク、個人のを主観的コンパラティブリスクということもあります。両者のリスクを比較すると車は専門家では1位、個人では5位、外科手術は5位と11位、原子力は20位と1位などとなっています[9]。つまり専門家は一般に比べて、車や外科手術は安全ではなく、原子力は安全と思っていることになります。リスクを正しく知るといっても、原子力発電では個人は仕組みがよくわかりません。よくわからないときは不安でリスクを多めに取るのは自然で、原子力で1位は不思議ではなく、国民への理解あるいはリスクコミュニケーションが不足していることになります。とはいえ2011年に福島原発で事故が起こったことは、その意味では一般の方が結果として正しかったともいえます。詳細は知らなくても、直感が正確なことがあります。

リスクを正しく把握し、自分の選好も併せて、評価することをリスク認知といいます。正しいリスク認知の上で、リスクを避ける方法を探ることが必要です。とはいえ原子力のような複雑で難しいことまで理解するのは不可能で、やはり利害が伴わない第3者機関が入って、一般国民との橋渡しをするリスクコミュニケーションが重要です。なお、リスク認知に関し、ギャンブル依存症の方は、正しいリスク認知ができず、リスクに不感症になっているといわれています[10]。

4.4.3　日本人のリスク回避国民性

日本人は他国に比べてリスクを避けたい国民性があるといわれ、ときにゼロリスクを好むときもあります。さらに一度失敗するとレッテルを張る傾向があります。グラフ4.4.1はホフステードの不確実性回避度の国際比較です。電車の時間が正確なのは日本人のこの嗜好によります。イギリスなどの電車が正確ではないのは、不確実への許容度が高いことも要因です。日本のような国は、不確実性を避けるために、過剰なルールや規則を作る傾向にあります。信号の数は同様な先進国と比べても多いのはこれも

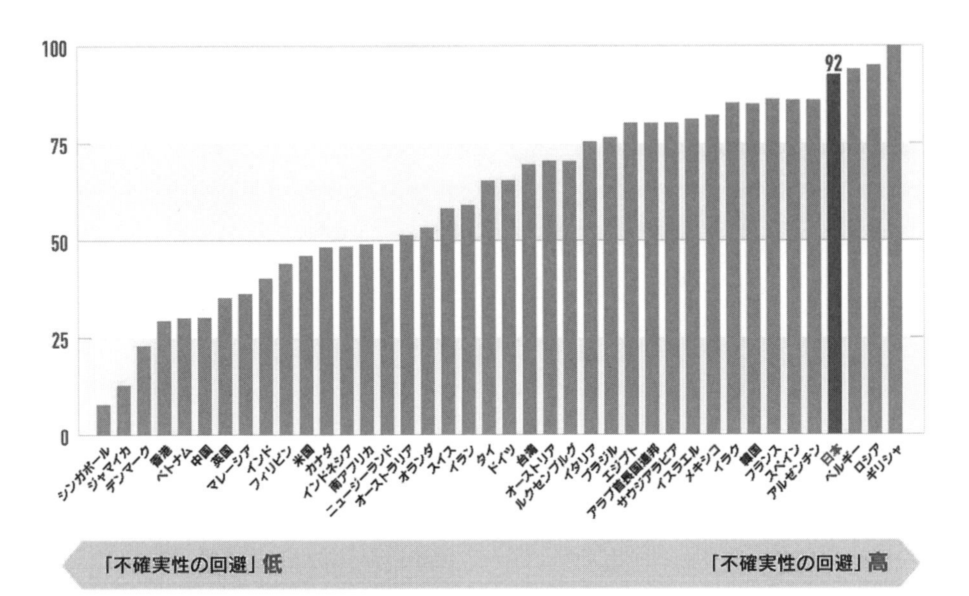

グラフ 4.4.1　不確実性回避度の国際比較
出典：ホフステード（2013）詳しくは　https://hofstede. jp/intercultural-management/#hofstede_model

要因です。私の経験では、かつてオーストラリアで賃貸を探していたときに、老夫婦に話しかけられ、その庭や家に入ったことがあります。子供が巣立って寂しげな感じでしたが、見も知らずの外国人を招き入れるのは日本ではありえません。

このリスク・不確実性回避はビジネス、特に新規ビジネスや、起業マインドに悪い影響を与えます。新規ビジネスや起業には失敗がつきものです。成功するかどうかはやってみないとわからない側面があります。もちろん安易で隙がある計画はダメですが、一方で失敗経験は、個人でなく組織としても大事にしなければなりません。組織における人事評価制度や価値観もそうで、同じ失敗でも次につながる将来性のある失敗を評価したり、間違っていたらすぐに気付いて修正すればよいといった組織文化が必要です。もちろん、リスクのダメージを少なくするために、最初の段階では投資額を少なめにするなどの措置が必要です。たとえば新規事業を経験のない新規の国で実施するときには、多くのリスクが存在します。このためノウハウを吸収しリスクを知るために初期投資を抑えて、成功しそうと判断すれば、投資規模を一気に拡大することが、リスク回避につながります。

外国でなくても新規事業にはリスクが付きものです。これを最初の段階で、ちょっとした事故や不具合が生じただけで、ほとんどゼロリスクで実施せよと、不必要に規制を強化すると、結局他国よりも開発競争に負けて、国民が長期的には損をすることになります。

自動車も安全装置の装着率が増えるなど、安全性が増しています。同時にこれにはコストがかかっていて、安全はタダではありません。同様に食品安全も食中毒の減少から安全性は増しています。最近食品衛生法の改訂で、地場の小さな梅干農家が安全へのコスト増を負担できずに撤退をせざるを得ないことがニュースになっています。限界原理とコストベネフィットで考えると、この（追加的な）措置でどの程度の食中毒が減少するか（ベネフィット）、そのコストはどうかを考慮することになります。コストには地域独自の梅干し文化の消失も入ります。結局何をしても食中毒（食あたり）はゼロにはできませんので、安全になったからよいというものではありません。ゼロリスクであれば、食中毒の可能性をゼロにするために、生魚である刺身や寿司を食べることができなくなってしまいます。

電車では風速や雨量規制が厳しくなり以前よりも、事前に運休することが増えています。このことは日本の不確実性を嫌う国民性に合っています。しかし、同じ予想雨量でも、鉄道会社によって運休するところとそうでないところがあります。これは鉄道路盤の他、事故率や安全係数をどのように採っているかに依存します。しかし、安全係数を高めに設定しすぎると、運休が多く発生し安全へのコストが高くなります。

4.5 食消費の特性

4.5.1 習慣形成と食文化

同じ食べ物を食べても、ある国民は美味しいと思い、別の国民はまずいと感じるのはなぜでしょうか。このように評価がプラスとマイナスに分かれる現象は、他の財では見られません。この現象は習慣形成によるもので、いくつかの研究で確認されています。言い換えると生まれ育った食文化に選好は影響され、その範囲から外れるほど、効用は下がるといえます。この食習慣は幼児期に形成されるものの、一方で遺伝による影響もあります[11]。

Bree et al. (1999)[12] によれば、食習慣は、遺伝よりも環境つまり後天的な要因が大きいものの、遺伝の要因は無視できないとしています。人種や民族に特有な要素と、後天的あるいは環境的な要素について、後者のほうが大きいものの、2 つが入り交ざっていることになります。日本人を対象とした研究では、お酒の好きな人はヨーグルトを食さない、あるいはお酒が苦手な人はヨーグルトが好きであるといった食の選好が、遺伝子によって説明できるとしています[13]。この結果遺伝子が比較的近い東アジアにおいては、その食文化が似ていることが推察できます。

実際日本ではどうでしょうか。日本は比較的多くの国や地域の食文化が入っている国です。ただしたとえば中華料理といっても、中国で食されている料理が日本人向けにアレンジされています。なお、中国は広いので、筆者の経験では中には日本と全く同じ味の料理もあります。イタリアレストランも日本には数多くありますが、筆者が数多く食したイタリア南部の料理は、日本のイタリアンとは似ていますが種類が異なります。ただ中国や台湾では食することが難しいのがときどきあったものの、イタリアでは基本皆無でした。筆者がイタリアで撮影した写真の揚げ物は日本の揚げ物とほぼ味は同じで、揚げる素材が少し違う程度でした。これは、天ぷらが

玉ねぎの揚げ物など

パスタ

ポルトガルから伝わったとされていることと関係するでしょう。右のパスタは、日本では細長い麺がほとんどですが、イタリアではむしろ少なく、多様な形のが多いです。日本で販売しても売れそうです。

さて、国際比較でなくても日本国内の食に関して、地域ごとで習慣形成は大なり小なりあります[14]。関西と関東でうどんの汁が異なるのは典型的です。滋賀県の鮒ずしはさらに癖が強く、まずいという人もいますが、食べ合わせやお酒で工夫すれば、個人差がありますが、ある程度はおいしくなり、一度慣れてしまえば、癖になる方もいます。

食ビジネスでは先に制したほうが、市場を制することができることがこの食習慣からある程度いえます。食品によって異なりますが、幼児期の家庭で先に馴染んだ味を変えるのは、難しい面があります。逆にいえば、一度ファンになってもらえると、消費者は買い続ける傾向があります。例として、アメリカではコーラが有名ですが、隣のメキシコはもっと飲んでいて１人１日 500ml は飲むといわれ肥満の要因になっています。メキシコはアメリカの食文化の影響を受けて健康を害していると言えます。しかしメキシコ料理とコーラは飲み合せがよく、よく飲む要因は、それなのかコカ・コーラ中毒なのかは調べる必要があります。

4.5.2　美味しさ、味

出典：サッポロ一番 HP

4.5.1では、人々は食文化に合致するものを食べていることを説明しました。ここで美味しさに立ち戻って、もう少し広い範囲から、食選択を考えます。基本的には、食は生きるためのものですので、土などを食することがないように、生物は人間を含めて、本能的に食し、匂いや舌などで腐っているか食べることができるかなどを見分けます。美味しさあるいはまずさは生きていくための必要なセンサーになります。砂糖や油、たんぱく質は飢餓に会わないために大切で、基本欲するようにできていて、これが肥満の要因になっています。

美味しさは器や色、そのときの状況で美味しさは変化します。飲料では、飲む容器の色によって、味が影響を受けます。苦味は黒・緑・茶で、酸味は赤・黄で、そして塩味は白・青で、味が強まるといわれています。写真は塩ラーメンで、モノクロではありますが白が基調になっています。無糖のコーヒーは苦さを強調するために、缶の色は黒が多いです。

この他、孤食ではなく共食の効果では、一緒に食べると美味しくなるといわれています。音楽や内装も役割を果たしています。さらに先入観としての情報が影響することもあります。実際ペットボトルでは、中身は同じでラベルだけが異なるように実験すると、「ラベルが違う＝味が異なる」と答えた学生が多くいました。

最後に地域や国の誇りや特徴[15]としての食選択もあります。日本食が世界に広がっていることで、なんとなく嬉しいのはこれに該当します。地産地消がいわれるのは、地域としてのアイデンティティへの危機感が背後にあると考えられます。

4.5.3 調理、外食

食消費の特徴に、調理があります。食材を、発酵・煮る・焼く・蒸す・揚げる・炒めるなどの工程に、さまざまな調味料が加わり、その国自体の食文化を特徴づけます。車や服などは、そのまま消費し、加工することはありません。

この過程が必要なことから、食消費には、買い物、調理時間、調理器具、調理場所のキッチン、水、ガス、電気が必要です。つまり食消費に、調理サービスを生み出す活動が加わります。これに家庭なのか、外での食つまり外食なのかの選択が加わります。忙しい平日は、時間の希少性が増し、時間の最適な配分という問題にさらされます。平日はお惣菜などの加工食品といわれる中食の需要が高まります。平日に働いているとき、帰宅してから就寝までの時間がなく、調理に時間を使うのであれば、他のことに時間を使うほうが有効になります。平日の朝は特にそうで、早く起きて調理に1時間使うよりも、寝る時間を増やした方が、効率的です。週末は時間が希少でなくなるので、時間をかける調理用の食材需要が高くなります。

かつては調理のために、1日のうちのかなりの時間を割いていました。食料、燃料と水の確保です。例えば食は獲物の捕獲、燃料は木材採取、水は遠くに行く場合もあります。

労働時間を減らし調理時間を増やし、家庭料理サービスを充実させて収入が減るのか、労働時間増・調理時間減で、家庭料理サービスを簡略するのか、人々はトレードオフに直面します。結婚してそのうちの1人は、フルタイムではなく、時間の余裕のある非正規やアルバイトにして、調理を含む家事サービスを充実することは、その選択の結果でもあります。もちろんこれには正規社員としての仕事の内容と給与にも依存しています。また国や所得によっては、家政婦さんを雇って食事サービスを委託することもあります。これは富裕層にとっては少ないお金で、自由な時間を得ることになります。

4.5.4　リスク評価と食の安全安心

「食はすべてのものは毒であり、毒でないものはない。用量だけが毒でないことを決める。」これは、16 世紀ヨーロッパの医師・化学者であるパラケルススの言葉です。塩でも非常に多く食べると死亡します。逆にいえば、毒が多少きついものでもほんの少量なら安全といえます。

図 4.5.1 は摂取量と体への影響です、このことに対応した、残留農薬基準や食品添加物基準を示しています。グラフでは健康に影響を及ぼさない値を無毒性量（NOAEL）として示します。これを超えると人体に影響が出始めます。この境界値を「閾値」（いきち）といいます。個人差なども踏まえその量の 1/100 を１日摂取許容量（ADI）とし、さらにそこから残留農薬基準や食品添加物基準を作成しています[16]。一般的には食ごとの個別の毒性と摂取量に依存します。毒性が強いとこのグラフは上（左）にシフトし、低いと下（右）にシフトします。図 4.5.2 はこのことを示していま

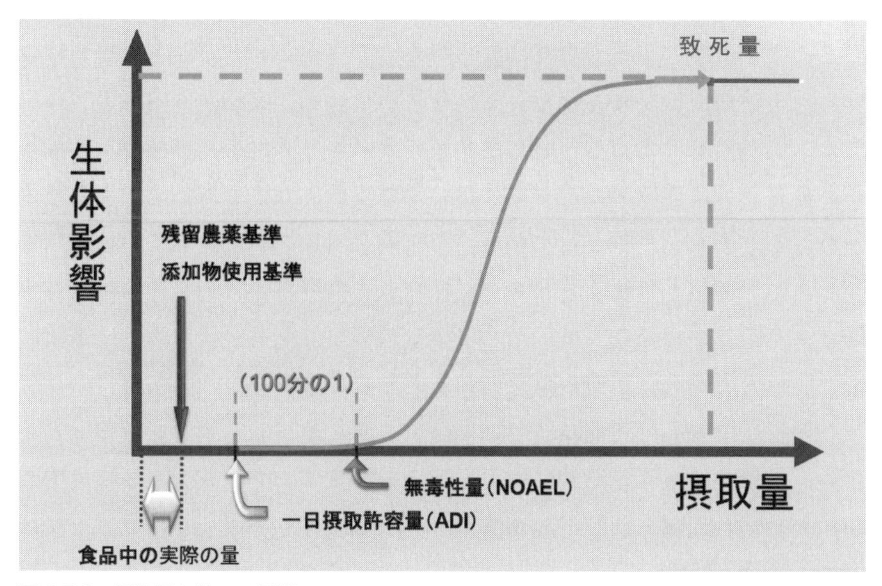

図 4.5.1　摂取量と体への影響
出典：厚生労働省食品衛生分科会 参考資料

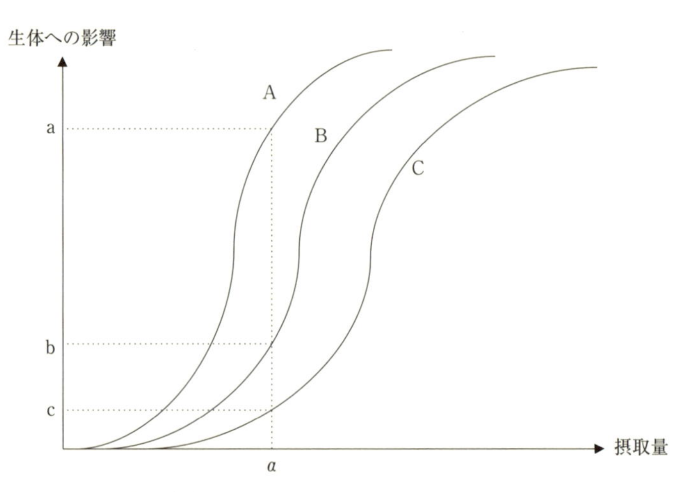

図 4.5.2　毒性と生体への影響

す。同じ摂取量 α でも、毒性が強い食品 A の影響が強く、弱い C はそうでもありません。

このような場合、残留農薬は危ないのでゼロがよい、だから無農薬がよいとは科学的にはなりません。ゼロリスク信仰は、閾値があるものについては、過剰なものであるといえます。一方、たとえば交通事故は一度でも車に乗ると、死亡確率はゼロではないので閾値、つまり、ゼロになる乗車回数はありません。しかしながら、車に乗る回数を制限することはありません。結局死亡や負傷するリスクと便利さを天秤にかけ、交通事故に対するリスク評価が高めな人は、電車に乗る選択を、あるいは車以外に選択肢がない地方の場合は車を使用していることになります。

食の安全と安心の相違は、ここではデータに基づく客観的な確率、安心は人々が思うリスクとそれに対する評価とします。グラフ 4.5.3 は専門家（国立がん研究センター）のがんの要因と予防で、グラフ 4.5.4 の棒グラフは一般の方が思う要因です。グラフ 4.5.3 は、2015 年の日本人のがんのうち、もし特定の要因がなかったとしたら何パーセントが予防可能だったの

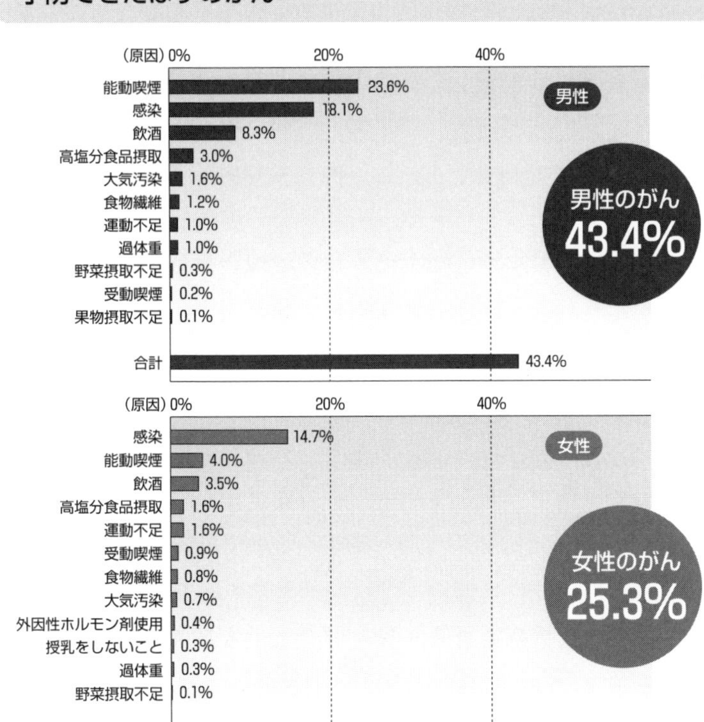

グラフ 4.5.3　がんの要因
出典：国立がん研究センター根拠に基づくがん予防より転載

かを試算した研究結果です。男性のがんの 43.4 %、女性のがんの 25.3 % がこれで説明できます。同研究センターでは、改善可能な「禁煙」「節酒」「食生活」「身体活動」「適正体重の維持」の５つの生活習慣を５つ実行すれば、男性で 43 %、女性で 37 %がんのリスクを減らせることを示しています。がんになる要因は多くの要素が絡み合っていて、この習慣を実行すれば、その可能性が減ることになります。

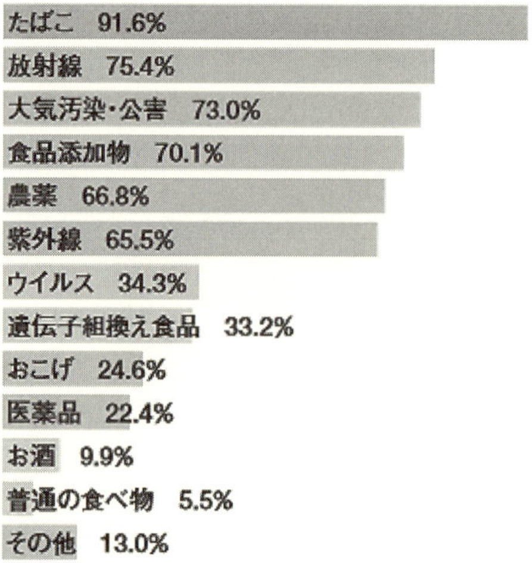

たばこ 91.6%
放射線 75.4%
大気汚染・公害 73.0%
食品添加物 70.1%
農薬 66.8%
紫外線 65.5%
ウイルス 34.3%
遺伝子組換え食品 33.2%
おこげ 24.6%
医薬品 22.4%
お酒 9.9%
普通の食べ物 5.5%
その他 13.0%

グラフ4.5.4 発がんの可能性が高いと感じる要因（2003年9月調査、食品安全モニター）
出典：内閣府 食品安全委員会事務局

両方のグラフで共通しているのは、たばこ、大気汚染、飲酒ぐらいです。食品添加物や農薬、おこげは前者には入っていません。専門家の意見を信頼するのであれば、残留農薬や食品添加物を気にする必要はないといえます。

さて先ほどのホフステードの日本人の不確実性回避あるいはゼロリスク選好の国民性と食の安全安心はどのような関係になるのでしょうか。まず政府、行政、企業もある程度一般人の意向を反映せざるを得ないことです。食の安全に対する啓蒙活動を政府はかなり積極的にするわけでもなく、企業は啓蒙というか正確な情報をだすものの、先に一般的な消費者に合わせがちです。つまり必ずしも科学的でない安心に社会全体としては、引っ張られます。第6章で紹介するトランス脂肪酸では、その問題が発生したことで、メーカーはマーガリンに含まれるトランス脂肪酸を激減させると同時に、正確な情報を提供しています。

4.6 まとめ 賢い消費者への含意

限界原理からは、どこまで、どれくらいの数量を購入するのか、複数の購入では相対的な購入バランスを、多少意識すればいいでしょう。その場合、やはりコストベネフィットの比較が基本です。このときに、コストとベネフィットをバイアスなく認識しているかはポイントになります。無意識のうちにさまざまな価値観に支配されていることがあります。それは食なら食文化や過去に何を食べてきたかに、あるいは安全安心やリスクへの無意識の態度になります。これらを意識した上で続けるのと盲目的に続けるのでは、結果が同じでもかなり違います。

一方人々はネットやテレビの多くの CM に晒され、情報は量的には豊富です。しかし CM には企業がコストをかけますので、基本これらは消費者の味方ではなく、企業収益のことを考えています。たとえば機能性食品については、その定義を知るとどこまで信用していいのかわからず、さらには消費者教育の必要性もいわれています。しかし一般の消費者に栄養のことを理解してもらうにも、学校教育の現場で教えるにも担当できる教員もおらず、難しいです。機能性食品は薬ではなく保険適用されませんので、コスパは良くないと考えられます。機能性食品の問題は訴訟の懸念と CM 収入の減少を恐れてかテレビはなかなか扱ってくれません。

このことは金融商品も同様で、さまざま金融商品のリスクやリターン(収益)、金利との関係などの基礎知識を持っていたほうが、消費者だけでなく売る側も、余計な誤解を招くこともなくなります。保険商品も同様で、やたらとリスクを煽って正確なリスク評価ができなくなります[17]。

今は、IT の普及で OnDemand 的、すなわち好きそうな情報や映像が流れてくるようになってきています。これは危険で、間違った考えがより強固になって、頭の柔軟性を失うことがあります。しかも質が高いのと低いのが混合されて流れてきて、我々は何を信じてよいかわからなくなります。さらに最近では行動経済学を用いて消費者行動を変えようとしています。

消費の基本を踏まえた上で、以下のことに留意しましょう。

①ネット情報をなんでも鵜呑みにしない。人は自分がこうあってほしいとか自分と意見があう情報を得ると心地よくなります。信頼のおける情報源か否かを判断しましょう。

②一歩ひいて考えてちょっと調べる。(○○に良い食材といっても、効果がな

かったり、思いもよらぬ副作用が潜んでいることがあります）

いずれにしても自分の頭で考えかつ自己への批判を受け入れ、常に間違っているかもしれない、勉強不足であるということを、自覚しそして許容する気持ちがないと一歩進めないでしょう。合法的であるので問題がないで終わらないようにしましょう。いつもとはいいませんが、ときどき情報収集をして、少し考えて調べることをお勧めします。政府に頼ることなく、このようにしてある程度自己防衛するしかありません。これらのことができる方が、賢い消費者といえるでしょう。なお行政は、企業行動が社会全体もしくは消費者の利益と一致するように、さまざまな規則やルール、ガイドラインを設定する役割を負っています。

注

1　逆にいえば信号をどの程度の交通量でなくすのかの目安に使えます。

2　Δはギリシア文字でデルタと呼びます。

3　厳密には（限界）効用の満足度は1本よりも2本目、3本目と下がっていきます。

4　売り上げ額の変化率／価格変化率≒需要数量の変化率／価格変化率＋1＝－（－需要数量の変化率／価格変化率）＋1＝－ε＋1となります。したがって、ε＞1なら、売り上げ額の変化はプラスになり、ε＜1のときはマイナス、ε＝1ならゼロとなります。

5　○○には国の名前が入ります。

6　厚生労働省：食中毒統計。ただし自分でお腹を壊して医者に行っていない人もいますので、実際はもっと数は多いです。

7　実際は多くの当たりくじがありますが、基本構造はこの数値例で表すことができます。

8　この確率は建物火災の発生件数からおおよその数を出しています。なお、隣の家が火事になって自分の家に燃え移っても、失火責任の家の火災保険が延焼先の家に支払われることはないので、実質の確率は多少上昇します。

9　奈良由美子(2007)、安全・安心とリスク管理、危険と管理／38巻、p. 115－128。

10　ギャンブル依存症には、所得の一定割合を超える金額を賭けることを禁止すれば有効です。しかしこれには個人情報やシステムをどうするかなどの問題があります。また業界団体や管轄している役所（宝くじは総務省、パチンコは警察庁、競馬は農水省）の意向もあります。

11　第８章8.3.3でこのことを解説します。

12　Marianne BM van den Bree, Lindon J Eaves, and Johanna T Dwye (1999), “Genetic and environmental influences on eating patterns of twins aged >/=50 y” The American Journal of Clinical Nutrition Volume 70, Issue 4, p. 456－465.

13　理化学研究所研究成果プレスリリース(2020)、日本人の食習慣に関連する遺伝的特徴を解明。

14　遺伝子の要因に関し、同じ日本人の遺伝子でも、関西は比較的中国に近いという論文もあります。ただこれと食文化との関係性の研究は見当たりませんでした。

15　これをアイデンティティともいいます。

16　一方閾値がなく、少しでも摂取あるいは浴びると、発症確率がある場合があります。こちらは発症確率の目標値を決めて、そこから、基準値を決めます。岸本(2016) によれば、『発がん性物質については、検出技術の進歩により複数の微量の発がん性物質が大気中や水道水中に含まれることが明らかになってきたことから1990年代初め、水道水では、世界保健機関（WHO）が生涯発がんリスクレベル 10^{-5}（10万人に１人が発がん）を目標として設定した基準値が国内でも採用された。』です。

＊岸本(2016)、食品安全分野、リスク評価・管理のこれから：閾値の有無を超えて、オレオサイエンス第16巻第12号。

17　保険には掛け捨て型と積み立て型があり、掛け捨てが不利に聞こえます。しかし本来保険は掛け捨てであり、この名称は誤解を招きます。

第5章

農業・漁業

この章で学ぶこと

キーワード

土地生産性（単収）
●
付加価値
●
規模の経済
●
高齢化
●
就農（起業）
●
食消費
●
漁業資源管理
●
乱獲
●
世界の食料需給
●
食料自給率

農業と漁業はGDP比率では小さいものの、食の最も川上にあることから、食の理解には欠かせません。植物や動物としての食から考察し、日本の農業と漁業をグローバルな視点から概観し、世界と比べての課題と現状を把握し、その将来を考えます。

農業活性化には起業や外からの参入が必要で、まずはその実態から解説し、そこから農業を垣間見ます。つぎに農業を、稲作を中心に規模別や作物ごとの所得を概観し、物的生産性や高付加価値の意味を学びます。海外の主な農業大国と比較して規模では日本が対抗できないことをデータで確認します。食料自給率の意味も考えます。

日本の水産業も概観します。衰退してきた要因の1つは漁業資源管理が不十分で乱獲になったことが考えられ、ラベル認証の必要性を学びます。次に世界的な食糧事情と飢餓の問題、野菜、穀物、肉の消費と輸入も概観します。

担い手が高齢化している農業が持続的で高収入になるには、企業も含めた農水産業への参入促進、漁業資源管理、穀物や家畜の優れた種や種子の開発、生産性向上につながる情報データの構築やそれと連動したソフトやアプリによるスマート農業、ブランド化と効果的な輸出戦略、不足している農業経営人材の育成、が重要です。

5.1 農業の歴史と基本構造

食は、植物と動物由来に分かれます。動物は脊椎動物と無脊椎動物に分かれ、脊椎動物は、魚類、両生類、爬虫類、鳥類、哺乳類に分類されます。我々がよく食べるイカは無脊椎動物になります。人間に飼育されているのは、牛（肉牛・乳牛）・豚・鶏（鶏卵・鶏肉）・羊・ヤギ・馬・ラクダ・ダチョウ・昆虫、魚（養殖）などです。

植物は、種がある否か、種がある場合は、被子かそうでないか、などでさらに細かく分類されています。植物由来の食は、通常果物・野菜・穀物に分かれ、発酵した食品は醤油、お酒などになります。我々人類は、膨大な種類の植物の中のほんの一部の植物を、さらに品種改良あるいは遺伝子組み換えをして、穀物収量を高め、利用しています。農業は自然相手とはいえ、本来の自然様相をかなり変えています。稲や小麦畑はその意味で自然破壊ともいえます。自然界の植物は多様で放っておくと、食目的以外の植物（雑草）が生えてきます。農業は、不必要な他の植物が生えてくることとの戦いです。無農薬なら手作業で雑草取りの労力が必要でコスト高になります。これは昔からのやり方で、今は国で認められた除草剤を撒きます。

かつては、食料の量＝生存数、の時代が長く続いていました。動物の縄張りの争いは、縄張りに他が入ってくると、そのグループの生存数が減るので必死です。かつての人類も今の動物も１人（1頭、1匹）当たりの食糧が減ると、死につながります。その年の収量が減ると飢饉や餓死者が増えます。食糧不足によって大規模に多くの死亡者が出ることを大飢饉といいます。江戸時代では1780年代の天明の大飢饉は有名で、明治・大正、あるいは戦前も凶作で亡くなった人もいました。海外では、中国で1960年頃の大躍進政策によって３千万人（推計、正確な数は不明）が、ソ連では1930年頃にスターリンの政策によって約400万人が亡くなっています。

現在でもアフリカの最貧国では内戦などの影響で、餓死はなくなっていません。

人間社会は、長期間にわたり、多産多死型で平均寿命は短かったです。秋収穫は生死と関係していて、秋祭りは神様への収穫の感謝を表すものでした。江戸時代には寺の過去帳から冬に多く死んでいることが確認されています。姥捨て山（おばあさんを山に捨てに行く）伝説は有名で、家族のために食い扶持を減らすことで、それほど食糧難であったことがわかります。なお、ヨーロッパよりもアジアの人口密度が高い要因として、小麦よりもお米の方が、土地当たりの人口支持力が高いことが挙げられています。農産物の収穫量が人口の上限であることから、農業の土地生産性が高くなると、人口が増えます。今は、農産物を広範囲で輸送できますので、人口を決める要因ではなくなってきています。

経済発展の程度は農業人口比率と逆の関係にあります。石器時代や縄文時代は、まずは食糧確保（動物と同様）が高い優先順位で、その他の衣食住も基本自給自足です。狩猟民族であれば、獲物から食料と服、灯りの油を確保していました。長い歴史では、農業の生産性は年々上昇しています。農業の生産性向上には、灌漑（ダム、用水路、ため池）、品種改良、肥料、除草剤、機械化などが寄与しています。稲の栽培開始（田植え）は、梅雨時に始めていました。これは水を必要とする稲のためで、今はもっと早くからできるようになり、多少の旱魃でも可能になっています。品種改良では、稲なら、収量増だけでなく、対害虫、耐寒性、耐病性、耐風性、耐干性などです。最近では耐暑性が必要となっています。

これらは土地生産性と関係します。一方労働生産性と直接関係するのは、機械化です。かつては耕すのは人力、次に牛や馬、そしてトラクターになっていきます。機械化は同じ作業でも、機械が代替することで、人数を減らして１人当たりの生産性を上げます。一方コスト減あるいは効率化の向上もあります。アメリカなどの農業大国の稲作では、耕さず、種を直播しています。日本では耕して、苗を田植え機で植え付け作業をします。この過程を省略しますので、コスト減になります。なお日本でも直播はあるものの、まだ極めて少ないです。寒い北海道のお米がおいしくなってきているのは、長年の品種改良や苗・土壌管理に加えて、温暖化で北海道の気温上昇も要因に挙げられています。

農業の生産性が増してくると、食以外の生業が増えて、農業人口の比率は下がっていきます。これには需要要因として、人の胃袋（カロリー消費）は一定であることから、食の生産量（カロリーベース）は増えないことと、労働生産性が増加していることが要因です。農業生産量は、農業就業人口×労働生産性で表すことができます。ある穀物生産量を 1000 万 t、労働生産性を、1t/ 人（1 人 1t）とすると、穀物生産量は以下の式になります。

穀物生産量＝ 1000 万 t ＝ 1000 万人× 1t ／人

労働生産性が 2 倍の 2t/ 人になったとします。穀物需要はすでに胃袋が満たされていて同じとすると、

1000 万 t ＝ 500 万人× 2t/ 人

となって、農業人口は半減します。表 5. 1. 1 は日本の 3 つの産業別のデータです。一貫して農林水産業の第 1 次産業が減少していることがわかります[1]。1920 年ではこの比率は 50 %を超えていたことがわかります。製造業は増えていましたが、昭和 50 年（1975 年）の 34. 1 %をピークに近年は減少気味で、第 3 次産業の比率が高くなってきています。

表 5. 1. 2 は、2016 年の農林水産業就業者比率の国際比較です。経済発展が遅れている国ほど、つまり 1 人当たり GDP が低い国の農林漁業比率が高いことがわかります。アフリカの最貧国の 1 つブルンジでは、この比

表 5.1.1　産業別就業者数の推移

年次	就業者数（1,000 人）				割合（%）		
	総数	第 1 次産業	第 2 次産業	第 3 次産業	第 1 次産業	第 2 次産業	第 3 次産業
1920	27, 261	14, 672	5, 598	6, 464	53. 8	20. 5	23. 7
1930	29, 620	14, 711	6, 002	8, 836	49. 7	20. 3	29. 8
1940	32, 483	14, 392	8, 443	9, 429	44. 3	26. 0	29. 0
1950	36, 025	17, 478	7, 838	10. 671	48. 5	21. 8	29. 6
1955	39, 590	16, 291	9, 247	14, 051	41. 1	23. 4	35. 5
1960	44, 042	14, 389	12, 804	16, 841	32. 7	29. 1	38. 2
1965	47, 960	11, 857	15, 115	20, 969	24. 7	31. 5	43. 7
1970	52, 593	10, 146	17, 897	24, 511	19. 3	34. 0	46. 6
1975	53, 141	7, 347	18, 106	27, 521	13. 8	34. 1	51. 8
1980	55, 811	6, 102	18, 737	30, 911	10. 9	33. 6	55. 4
1985	58, 357	5, 412	19, 334	33, 444	9. 3	33. 1	57. 3
1990	61, 682	4, 391	20, 548	36, 421	7. 1	33. 3	59. 0
1995	64, 142	3, 820	20, 247	39, 642	6. 0	31. 6	61. 8
2000	62, 978	3, 173	18, 571	40, 485	5. 0	29. 5	64. 3
2005	61, 530	2, 981	15, 957	41, 425	4. 8	25. 9	67. 2
2010	59, 611	2, 381	14, 123	39, 646	4. 0	23. 7	66. 5
2015	58, 919	2, 222	13, 921	39, 615	3. 8	23. 6	67. 2
2020	57, 643	1, 963	13, 259	40, 679	3. 3	23. 4	73. 4

出典：国立社会保障・人口問題研究所　産業（3 部門）別就業人口および割合 1920 – 2020 より転載

表 5.1.2　農林水産業就業者比率の国際比較（2020 年）

インド	中国	ブラジル	ロシア	韓国	日本	アメリカ	ドイツ
44. 3 %	24. 9 %	9. 5 %	6. 0 %	5. 4 %	3. 3 %	1. 8 %	1. 3 %

出典：ILO（International Labour Organization）より作成

率が 86. 1 ％などかなり高いです。表にはありませんが、ニュージーランドは先進国ではやや高めの５％で、チーズなどの畜産業が盛んであることが要因です。アメリカの比率は、わずか 1. 8 ％で、国内需要を賄っているだけではなく、農業輸出大国であるのは、いかに労働生産性が高いかがわかります。

5.2 農業生産と経営、食消費

5.2.1 就農（起業）

農業人口が減るのは仕方がないにせよ、どの産業でも活性化のために、一定の新規参入者が必要です。では新規就農には一体いくらの初期費用が掛かるのでしょうか。全国新規就農相談センターの「2016年度新規就農者の就農実態に関する調査結果」によれば、就農1・2年目にかかる営農費用の平均は534万円です。新規就農者の自己資金の平均は234万円です。営農費用は約300万円不足しますので、その分を借入します。新規就農者のうち借り入れで賄った人は42.7％です。営農費用は何を取り扱うかで大きく異なります。酪農は平均2473万円（以下平均です）、その他畜産は1420万円、露地野菜は319万円、果樹は360万円、水稲は556万円です。ビニールハウスなどの設備にお金がかかる施設野菜では、露地野菜のおよそ2.5倍の826万円です。

表5.2.1は新規就農者の販売金額が最も多い経営作物を分類したものです。実際には野菜だけではなく、稲や果樹も同時に作っていることもあります。左が2021年、右が2016年です。最も多いのが露地野菜、次いで施設野菜（ハウス栽培）、果樹、水稲と続いていて、この5年間で比率には大きな変動はありません。野菜類は農業出荷額の中では最も多いことを反映しています[2]。

農業を始めるにはまずは土地が必要で、購入と借りる方法があります。現在農地は余っていますので、取得費用は広い面積でなければ、少額で済みます。全国新規就農相談センター調査によれば、農地購入代金総額の平均は171.5万円（中央値81万円）です。それから設備の購入資金が必要です。同調査では、設備購入の平均額は388万円で、営農費用534万円の73％です。設備の購入費用は大きいです。トラクター1台では150万円程度から高いのであれば1000万円以上します。稲作ですと、この他田植

表5.2.1　新規就農者の販売金額が最も多い経営作物

現在の販売金額 第1位の 経営作目	今回		前回（2016年度）	
	人数	割合（%）	人数	割合（%）
水稲・麦・雑穀類・豆類	161	7.0	191	9.0
露地野菜	759	33.0	784	37.1
施設野菜	726	31.6	610	28.8
花き・花木	71	3.1	86	4.1
果樹	364	15.8	326	15.4
その他耕種作目	53	2.3	—	—
酪農	47	2.0	27	1.3
その他畜産	65	2.8	40	1.9
その他	52	2.3	52	2.5
計	2,298	100.0	2,116	100.0
作目不明	57	—	254	—
集計対象数	2,355	—	2,370	—

出典：新規就農者の就農実態に関する調査結果（一般社団法人全国農業会議所 2022年3月）より転載。

え機、稲を刈るコンバイン、乾燥機が必要です。機械を購入すると、それらを保管する倉庫が必要です。小規模なら機械を借りるか委託します。さらに苗や肥料代がかかります。施設園芸であるハウス栽培は、ビニールハウスを1棟建てるのに数百万円（1m^{2}で1万円程度）かかります。

それから、技術やノウハウが必要です。露地物ですと年に1回しか収穫できないことが多く、試行錯誤の結果が1年に1回の頻度になって、ノウハウの蓄積が進みません。このため、技術指導が必要です。ところが土壌や気候が地域で異なり、また年によって気温、雨量が異なり、肥料、水、植えつけのタイミングも異なります。さらに作物ごとの特徴もあり複雑です。また他の人と同じ作物を栽培しても、特徴がなく収益につながらないことがあります。こちらは経営ノウハウになり、販売先を農協にするのか、直接スーパーあるいは顧客に出荷するのか、アルバイトを雇うのか、設備機械を新規購入するのか中古にするのか、などの経営上の課題があります。新規就農者の就農実態に関する調査結果によれば、就農時に苦労したのは、農地、資金、営農技術が多いです。

5.2.2　就農後の農業収入の実態

下の表5.2.2は、就農後の年数と、品目別所得です。平均では5年以後になると、農業所得がかなり増えていることがわかります。ただし離農する方もいますので、続ければ必ず年収が上がるわけではなく、うまくいった人が残って続いていることもあります。また、専業ではなく、農業以外からの収入を得ている場合や、他の家族が別の仕事をしていることもありますので、低収入に見えても、世帯収入の実態はわかりません。

なお野菜でも施設野菜はビニールハウスなどによって、水や温度管理を行い、通年出荷が可能です。その分設備費、水道代（井戸を掘ることもあります）やきめ細かい管理が必要になってきますが、年間を通じて収入があります[3]。

表5.2.2　就農後の年数と、品目別所得

		農業所得				農業所得階層							
		集計対象数	平均	中央値	標準偏差	0円未満（マイナス）	0円	50万円未満	50万円以上100万円未満	100万円以上300万円未満	300万以上500万円未満	500万円以上1000万円未満	1000万円以上
	集計対象全体	1,802	178.4	100.0	314.1	9.2	15.6	11.0	11.3	31.0	11.3	7.6	2.9
就農後経過年数	1・2年目	476	91.2	19.5	316.2	13.2	29.8	15.3	14.7	18.7	2.9	3.6	1.7
	3・4年目	383	146.4	95.0	312.9	12.0	15.1	10.7	12.8	33.2	7.6	5.2	3.4
	5年目以上	883	241.6	180.0	305.8	5.7	7.9	9.2	8.8	36.8	17.2	10.8	3.6
販売金額第1位の作目	水稲・麦・雑穀類・豆類	115	186.6	99.0	478.6	9.6	11.3	14.8	14.8	34.8	8.7	2.6	3.5
	露地野菜	599	138.6	90.0	225.3	9.2	17.5	12.0	12.5	33.1	9.3	5.0	1.3
	施設野菜	583	195.7	140.0	289.3	11.1	11.8	7.9	9.4	31.2	16.1	10.5	1.9
	花き・花木	60	190.6	150.0	215.9	3.3	8.3	15.0	11.7	40.0	10.0	11.7	0.0
	果樹	273	154.5	100.0	306.8	6.6	17.9	12.5	12.5	32.2	8.1	7.7	2.6
	その他耕種作目	41	238.0	60.0	487.5	9.8	17.1	19.5	9.8	24.4	7.3	2.4	9.8
	酪農	32	698.5	650.0	663.3	3.1	9.4	9.4	6.3	9.4	3.1	15.6	43.8
	その他畜産	43	227.6	69.0	387.7	9.3	20.9	14.0	11.6	9.3	16.3	9.3	9.3
	その他	39	174.4	64.0	324.4	12.8	23.1	10.3	7.7	20.5	10.3	12.8	2.6
	販売額平均	—	—	—	—	436	266	370	430	727	1,414	2,025	3,292

出典：新規就農者の就農実態に関する調査結果（一般社団法人全国農業会議所 2022年3月）より転載。

5.2.3　生産性の上昇　規模の経済

ここでは稲作を中心に、所得、つまり付加価値を考えます。付加価値の増加は、生産性の上昇とコスト削減に分かれます。さらに生産性は土地生産性、労働生産性に分かれます。付加価値増加要因としては、規模の経済、技術、情報などがあります。農業ではよくいわれる大規模化はどのように効率的で、その実態と限界も明らかにしていきます。

さて右のグラフ5.2.3は、コメの作付面積と収穫量の推移です。お米の需要減などの要因によって、減少しています。昔、日本人は一時期相当お米を食べていたようですが、今はさまざまな食材がありますので、お米の需要減はやむを得ない面があります。日本の食文化を守るためにお米を食べてもらうにも、その前に人々は好きなものや食べたいものを食べますので、それを阻止して強制することはできません。もちろん人々が間違った情報を基に食選択をしているのであれば是正すべきです。多くの食

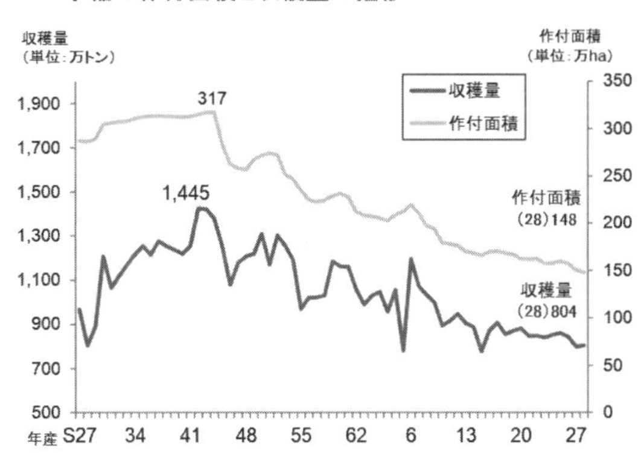

グラフ5.2.3　水稲作面積と収穫量

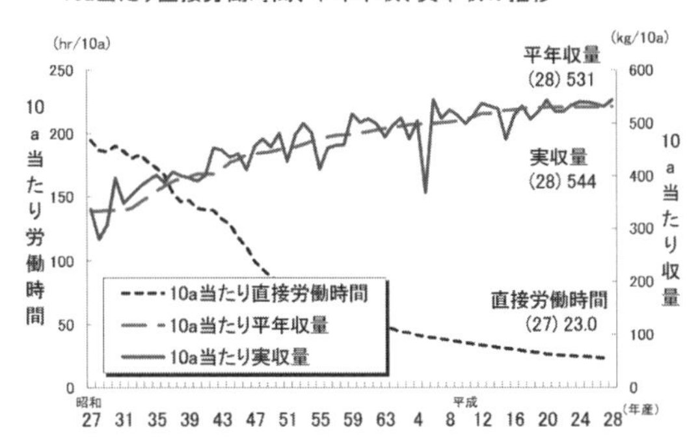

グラフ5.2.4　10a当たりの労働時間、単収
出典：農林水産省稲作の現状とその課題について（平成29年3月）より転載

の中でお米を選択してもらうにはどうすればいいかは、悩ましい問題ですが、一方で海外よりも日本のお米の価格は高いことは間違いありません。

グラフ5.2.4は10a（アール）[4]当たりの労働時間、その年を中心とした数年の平均単収（移動平均）、年ごとの実単収です。土地生産性である単収（ここでは10a当たりの収穫量）は徐々に増えています。また労働時間は年々減少して単収は増加していることから時間当たりの労働生産性（収量/労働時間）は増えていることがわかります。ただし、単収（平年単収）の年ごとの増加量は徐々に減って、労働時間の年ごとの減少量も同様に逓減しています。このことは、今のまま推移すれば、単収増加や労働時間の短縮は長期的には、限界を迎えることになることを意味します。図5.2.5は単収増加が逓減するイメージ図です。増加量が減少することがわかります。このような現象は一般的によく見られます。人々の身長の伸びは、最後はこのように伸びる量が減ってきます。前に説明した飲料の効用の増加分の減少も同様です。このほか陸上100mなどの世界記録もそうで、最近は世界新記録更新が少なくなってきています。

表5.2.6はいくつかのお米産出国の単収（1haあたりの収穫量（トン））の比較です。日本がそれほど高くないことがわかります。アメリカのような粗放型よりも低く、中国よりもやや低く、ベトナムよりもやや高いです。その要因に品種改良が止まっているという人もいます。なお、表にはない韓国は6.92で日本とほとんど同じです[5]。FAOのデータでは、昔の単収の日本の順位は今よりも高く、日本の単収の増加率が低い結果、このようになっています。単収が高くても品質が良くない可能性があります。たとえば日本で

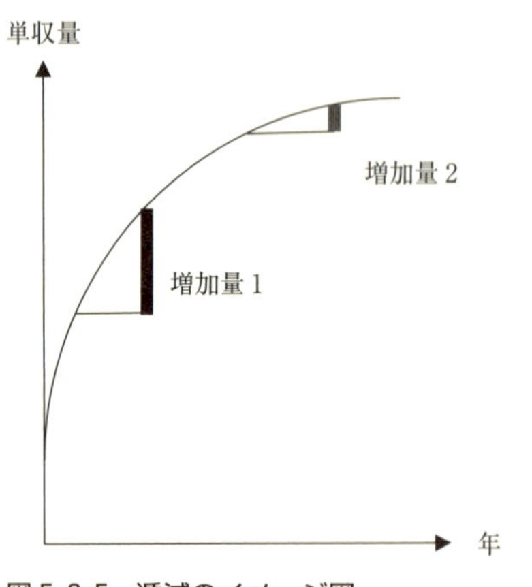

図5.2.5　逓減のイメージ図

表 5. 2. 6　お米単収国際比較（t/ha 2023/2024）

日本	アメリカ	中国	インド	タイ	ベトナム	世界
6. 84	8. 57	7. 14	4. 32	2. 72	6. 10	4. 70

出典：USDA、World Agricultural Production、Table 09 Rice より筆者作成

表 5. 2. 7　稲作、日本の経営規模ごとの生産コスト（家族労働費、自己所有地地代、自己資本利子を除く）

（円 /60kg）

	平均	0. 5ha 未満	0. 5 ～ 1. 0	1. 0 ～ 2. 0	2. 0 ～ 3. 0	3. 0 ～ 5. 0	50 ～ 10. 0	10. 0 ～ 15. 0	15. 0ha 以上
経営費計	9 795	13 532	11 758	10 142	8 610	8 260	7 528	7 446	7 540
支払利子・支払地代	576	168	260	328	576	911	1 288	867	1 121
雇用労働費	241	472	255	229	159	183	179	260	314
物財費計	8 978	12 892	11 243	9 585	7 875	7 166	6 061	6 319	6 105

出典：農林水産省コメの生産コストの現状より転載

販売されているカリフォルニア米のカルローズやタイのジャスミン米は明らかに品質が劣ることはないようで、実際筆者がその２種類を取り寄せて、学生と一緒に食べたところ、それなりに美味しく食べることができました[6]。なお 10 年ほど前に中国で食した普通の店でのお米の質は、炒飯なら同じで、冷やごはんであれば低かったです。なお、単収を上げても輸出できないと、価格は下がり多少需要は増えるものの、お米の収穫面積は今よりも減ります[7]。

表 5. 2. 7 にあるように経営規模の拡大は生産コストの引き下げにつながります。表には示していませんが、年々経営規模は少しずつ拡大しています。ただこの表から、規模の拡大で、コストは下がるものの、徐々に下げ幅が少なくなっていることがわかります[8]。この表では支払い利子や地代が規模の拡大とともに増えているのは、設備などを借りて購入している、農地を借りていることが考えられます。

スーパーで、お米 10kg で 6000 円程度とすると、お米 60kg では販売価格は 3. 6 万円になります。通常生産者の取り分の他、農協などの卸（これには輸送料、保管料を含みます）と小売りの分があります。仮に農家の取り分

を３割の1.２万円（60kg当たり）を農協などへの売り渡し価格とします。そうであれば、0.5haを超えると儲かることになります。しかしこの数値には家族労働費が入らず、ただ働きの場合です。雇用労働費は正社員かアルバイト代です。農水省のデータ（農業経営統計）では5haを超えると、農家つまり経営者としての所得があり、その後規模の拡大とともに所得は増えています。5haは５万m²ですので、１枚の水田なら、100m × 500mの規模になり、かなりの広さになります。今はその広さでも収入は多くないことがわかります。

次に外国との規模の比較をします。表5.2.8はアメリカ、EU、オーストラリアのコメではなく農業全体の経営規模の比較です。EUは日本の５倍もありますが、アメリカ、オーストラリアになると想像を超える相当な違いになります。オーストラリアの4400ha（km²）は１辺が約66kmの正方形の農地になります。昔オーストラリアの知人が、牧場に生まれ、軽飛行機で学校に通っていたことに驚きましたが、この数値ならあり得ることです。表5.2.9はコメ農家平均の国際比較です。こちらも相当違います。

表5.2.8　農業経営体の平均経営規模
［農家（農業経営体）の経営規模（他の先進国との比較）］

	日本（2023年）	米国（2022年）	EU（2020年）	豪州（2021年）
平均経営面積（ha）	3.4	180.5	17.4	4430.8

表5.2.9　コメ農家平均の比較

日本	コメ農家（農業経営体）	2ha
アメリカ	カリフォルニア州	161ha
オーストラリア	ニューサウスウエールズ州	75ha
中国	黒竜江省（国営農場所属）	10ha

表5.2.8、表5.2.9 出典：農林水産省経営規模・生産コスト等の内外比較 2021年

5.2.4　基幹的農業従事者と高齢化問題

表 5.2.10 は経営ごとの所得です。水田は１万円です。これは兼業で、他に主所得がある方が入っています。１万円でも耕作する１つの要因は、自家消費や親せき等への贈答は、お米を小売りで購入するよりも低価格でお米を得ることができ、その差額は労働時間を考えても、収益が出ることです。たとえば 10a 程度で、500kg のお米が取れるとして、小売り（スーパー）で 10kg 5000 円、農協への出荷価格が 10kg 2000 円に対し、200kg を農協に出荷、300kg を自家消費または親族への贈与にします。農協からは４万円（2000 円× 20（200kg ／ 10kg））、自家消費は、小売りで購入するよりも、5000 円× 30 ＝ 15 万円が実質儲けになります。肥料・農薬代、トラクターや田植え機などの委託費が 12 万円とすると、実質収入は「19 万円（4 ＋ 15）－ 12 万円」＝ 7 万円です。投入労働時間が、70 時間とすると時間給は 1000 円でまずまずになります。収穫 500kg のすべてを農協に出荷すると農協からの出荷収入は 10 万円程度で赤字になります。

筆者の 10a 程度のお米作りでは、トラクターと田植え機を親の代が購入して私が保有しています。この結果、家で耕し田植えをしていますので、この部分の委託代がゼロになり、また 1/3 程度を農協に出荷していますので、なんとか赤字にはなっていません。しかし、機械を再度買い始めると、中古機械でも赤字になりそうです。

表 5.2.10 には私のような兼業農家、つまり農業収入を家計の主としない農家が水田以外にも含まれています。さて、一般的に専業農家の比率は規模や所得が高くなるにつれて、大きくなります。品目別の専業農家比率

表 5.2.10　経営ごとの所得令和３年（万円）

水田	露地野菜	施設野菜	果樹	施設花き	酪農	養豚	採卵	ブロイラー
1	184	370	212	422	736	1356	1835	625

出典：農林水産省令和４年 農業経営体の経営収支

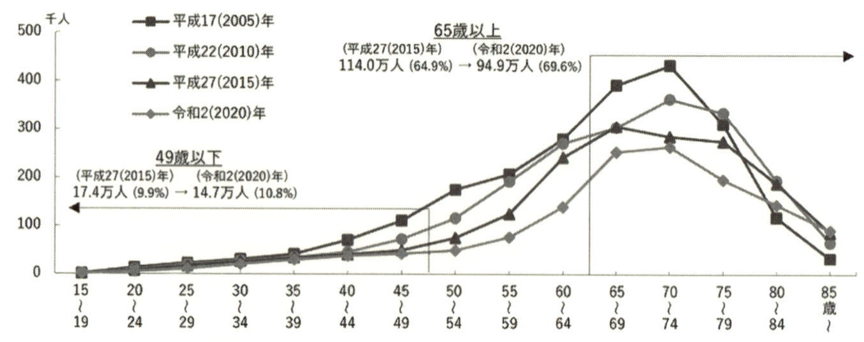

グラフ 5.2.11 年齢階層別基幹的農業従事者

出典：農林水産省基幹的農業従事者より転載

表 5.2.12 経営別基幹的農業従事者 49 歳以下の割合

	水稲・陸稲	露地野菜	施設野菜	果樹類	花き・花木	酪農	肉用牛
49 歳以下の割合（%）	5.5	14.8	20.7	10.2	16.5	31.0	14.9

出典：農林水産省基幹的農業従事者より転載

表 5.2.13 個人経営体・団体経営体の農業者数（基幹的）

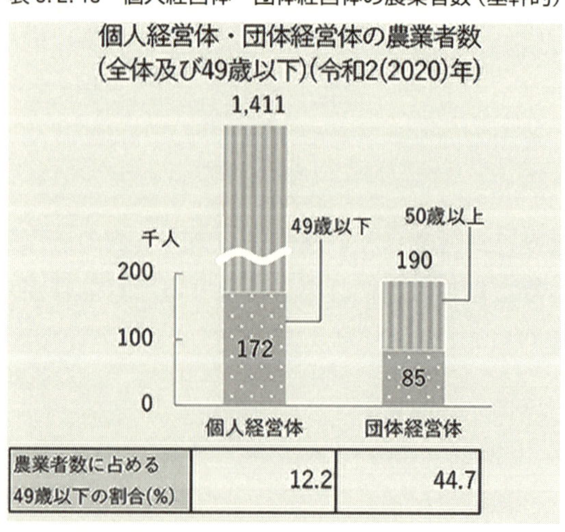

農業者数に占める49歳以下の割合(%)	12.2	44.7

出典：農林水産省基幹的農業従事者より転載

が異なることもあって、平均の所得の差は結構大きいことがわかります。農水省では専業農家を基幹的農家と呼んでいて、その育成を図ろうとしています。

グラフ 5.2.11 は、年齢階層別基幹的農業従事者の推移です。全体としてどの年代も 30 代未満を除いて減少しています。このままでは農業人口が激減する可能性があり、農水省は若手の農業への参入を促進しようとしています。なお、基幹的農業従事者は、令和２年は 136 万人と、15 年前の平成 17 年の 224 万人から 39 ％減少しています。表 5.2.12 は経営別基幹的農業従事者 49 歳以下の割合です。比較的高収入の酪農の方が、若手は多くなる傾向がわかります。表 5.2.13 は個人経営体と団体経営体の農業者数です。個人ではその比率が 12.2 ％、会社組織（団体）は 44.7 ％とより若手が多いことが示されています。この意味でも今後は法人経営の将来性が期待されます。ただし基幹的業者数では前者が 141.1 万人、後者が 19 万人ですので、個人経営が多いです。

若者が農業に興味があっても、個人経営で起業ならノウハウ・農地・資金もない状況では、難しいです。これが普通に会社に就職する感覚で始めることができれば、ハードルは一気に下がります。通常の産業はどこからでも参入が可能ですが、農業は企業の参入は規制されていました。参入できないわけでもないものの会社の役員の半数以上は農業をしていることなどです。未経験業者からの参入は、農地を守れない、既存の農家を圧迫するなどの理由です。最近は徐々に緩和されているものの、要件は課せられています。さらなる規制緩和が必要で、農業とは縁もゆかりもない新規参入者や法人組織が参入しやすくすることが、農業活性化には必要でしょう。

5.2.5　消費

この節の最後に、食の消費量を概観します。お米は最も日本人が食べていた頃は１人年間 100kg でしたが、最近は 50kg を超える程度まで年々安

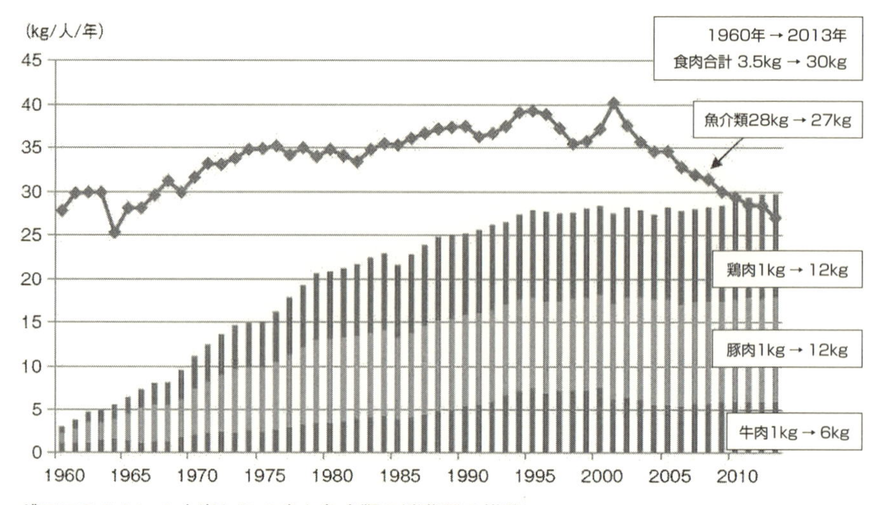

グラフ 5. 2. 14　1 人当たりの肉と魚介類の消費量の推移
出典：Alic　農畜産業振興機構　食肉の消費動向についてより転載

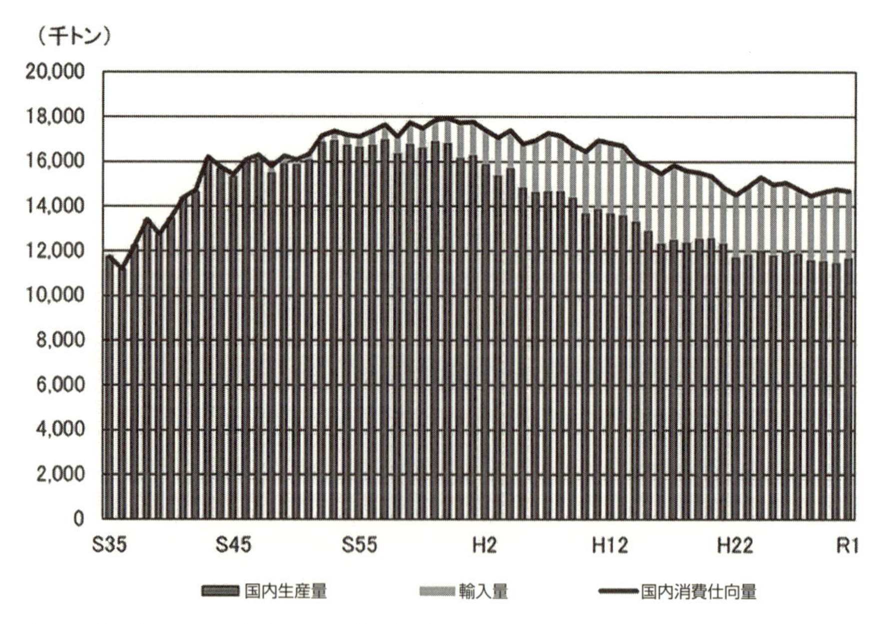

グラフ 5. 2. 15　野菜の国内生産量と輸入量の推移
出典：農林水産省　野菜の自給率より転載

定的に下がっています。グラフ5.2.14は1人当たりの肉と魚介類の消費量の推移です。2001年までは魚を結構食べていて増加傾向でしたが、近年減少し始めています。肉は逓増し、2011年には魚を逆転し、最近もその傾向は続いています。肉類は、1960年がわずか3.5kgであったのに、2013年は30kgになり、鳥肉と豚肉がほぼ同じ消費量で牛肉はその半分です。

グラフ5.2.15は、野菜の国内生産量と輸入量の推移です。日本の野菜の消費量と生産量は昭和の末期から年々減少しています。消費量よりも生産量の減少が大きく、その足りない部分を輸入しています。なお野菜摂取量は政府の目標である1日350gには遠い状況です。

5.3 水産業

5.3.1　概観

日本では魚介類の消費が減少しています。供給要因としては、日本の漁業の漁獲高が減少していることがあります。グラフ5.3.1の上にあるようにピークの1282万tから最近は、469万t（2015年）、そして令和4年（2022年）は392万tまで激減しています。この減少を埋めるのが輸入です。2023年で216万t輸入しています。しかも金額ベースでは、国内よりも輸入額が多くなっています[9]。重量では国内がだいぶ多いことから重さ当たりの単価では、輸入品の方が高いことになります。また漁業従事者は1961年の約70万人から2020年には約14万人と、約5分の1にまで減少しています[10]。農業と同様に高齢化が進んで、65歳以上の漁業者が最も多くなっています[11]。なお、世界的にも漁獲量が減少しているのかといえば、グラフ5.3.1の下にあるように、下2つの天然（非養殖）は、最近は横ばいですが、世界の総漁獲量はむしろ養殖を中心に増加しています。日本は、天然は減少し、養殖が伸びていないかやや減少気味であることがわかります。

日本の漁業生産量の推移

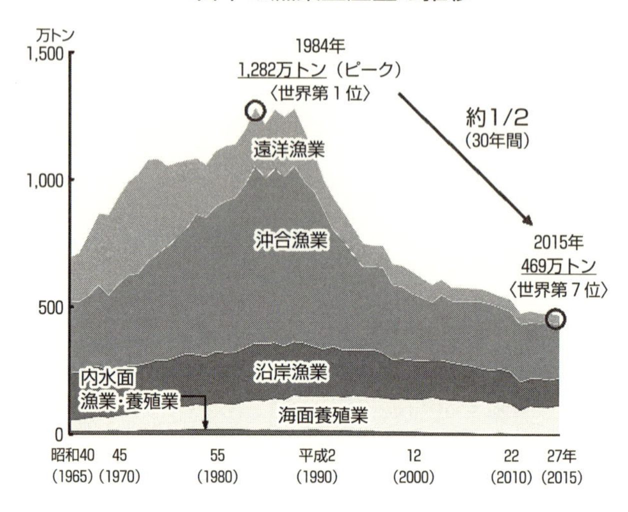

世界の漁業生産量の推移

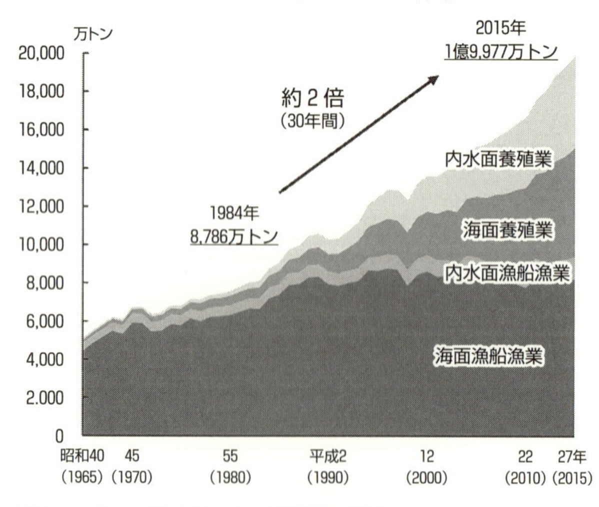

グラフ 5. 3. 1　世界と日本の漁獲量の推移
出典：内閣府ホームページ我が国水産業の現状と課題より転載

5.3.2　漁業経営と後継者

円グラフ 5.3.2 は個人経営の費用（漁労費）です。グラフにはありませんが売り上げは 900 万円でしたので、漁労支出 616 万円から、１つの経営体で収益（所得）は 284 万円です。雇用労賃はアルバイトなどです。船を動かす油代がその次です。減価償却費は小さな船や設備を中古 700 万円で購入し、それを 10 年で再度購入するとして、毎年 70 万円積み立てます。この積立が減価償却費で費用として課税されません。法人が経営していることがあります。こちらは同じ調査では１つの経営体で平均費用が３億５千万円です。

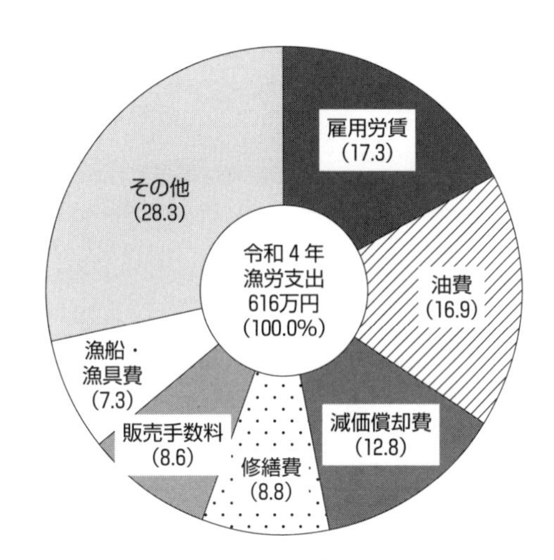

グラフ 5.3.2　個人経営体（漁船漁業）の漁労支出の構成割合（全国）
出典：漁業経営統計調査 / 確報 令和４年漁業経営統計調査報告より転載

下の表 5.3.3 は沿岸漁業（沿岸の非養殖と養殖）の所得です。沖合や遠洋漁業は入っていません。平均すると所得は減少傾向で、養殖のほうが高い所得であることがわかります。

表 5.3.4 は漁獲量、生産性の国際比較です。日本とよく比較されるノル

表 5.3.3　沿岸漁業の所得

単位：万円

	平成 29 年	30 年	令和元年	２年	３年	４年
沿岸漁家平均	384	309	270	296	298	378
沿岸漁船漁家	248	208	203	207	196	252
海面養殖漁家	1, 256	883	658	785	834	1, 062

出典：水産庁漁業経営に関する統計より転載

表 5.3.4　漁獲量、生産性の国際比較

国名	漁業者数（千人）	漁船数（隻）	漁業生産量（千トン）	漁業者１人当たり生産量（トン／人）	漁船１隻当たり生産量（トン／隻）
アイスランド	6	822	1,104	225.2	791.7
ノルウェー	18	5,939	3,788	214.5	637.9
スペイン	33	9,895	1,346	40.6	136.0
イタリア	27	12,675	331	12.3	26.1
ニュージーランド	2	1,367	553	258.5	404.2
米国	281	75,695	5,406	19.2	71.4
日本	173	152,998	4,769	27.6	31.2
韓国	109	71,287	3,313	30.3	46.5
中国	14,161	1,065,319	76,149	5.4	71.5

出典：内閣府 HP　我が国水産業の現状と課題より転載

ウェーやアイスランドの総漁獲高（生産量）は低いものの、１人当たりや１隻当たりではかなり違うことがわかります。両国の漁業者の所得は、それぞれの国全体の平均よりも高く、特にアイスランドは高くなっています。

5.3.3　漁業資源管理と乱獲

農業では農地の制約が日本では厳しく、連続した多くの土地を所有することは困難で、外国との競争条件はどうしても規模が必要な農産物では不利です。しかしながら、海であればそのようなことはなく、また漁船も日本あるいは海外から調達可能で、物理的な不利はないはずです。ではなぜ漁獲量がこんなに減少してしまったのでしょうか。日本の漁業の課題でよく指摘されるのが乱獲です。水産庁は漁獲量の減少は温暖化などと、乱獲には言及していません。しかし世界の漁獲量が増加していることと、温暖化はどこでも違いがないことから、漁業資源管理ができていない、つまり取りすぎ（乱獲）の可能性は否定できません。農業には土地の管理人が明

表 5.3.5　利得表

		漁船Ａ	
		多く獲る	抑制する
漁船Ｂ	多く獲る	(6, 6)	(10, 2)
	抑制する	(2, 10)	(2, 2)

確ですので乱獲の心配はありませんが、海は誰のものでもなく、海に生息する魚を管理する主体がおらず、この場合共有地の悲劇が発生します。この悲劇とは誰のものでない土地があって、そこに多くの羊と羊飼いがやってきて食い荒らしてしまい、荒れ地になってしまったことがよく例に挙げられます。これが私有地であれば、今後のことを考えて草を残して抑制しますが、不特定多数の羊飼いがやってくるのであれば、もっと食べさせようとなります。

これを経済学では表 5.3.5 のゲーム論の囚人のジレンマで説明できます。同じ漁場で仮に２つの漁船があるとします。表 5.3.5 の利得表の（6、6)、(10、2）などは、前者が漁船Ｂ、後者が漁船Ａです。両方とも多く獲るときは、分けあって（6、6）で、片方のみが抑制するときは、(10、2）もしくは（2、10）です。両方とも抑制するときはその年は（2, 2）となります。漁船Ｂからすれば、漁船Ａが多く獲るのであれば、抑制すると 2、多く獲ると６になるので、多く獲ります。漁船Ａが抑制するのであれば、漁船Ｂは多く獲ると 10、抑制すると２になるので、多く獲ります。いずれにしても漁船Ｂは多く獲ります。漁船Ａも同じです。結局このような非協力ゲームであれば、以下にありますように、数年後損となります。

表 5.3.6　数年後の漁船ＡとＢ総漁獲量

6	6
6	16

問題はこれを続けると数年後の漁船ＡとＢの合計の漁獲量は、たとえば右の表 5.3.6 になることです。この表の、左上は上の利得表の（6、6)、右下は同様に（2、2）に対応しています。抑制した漁獲量ですと、魚の親を獲らないので、稚魚が多く育ち魚の資源量が回復し、漁獲量は多くなることを意味します。枯渇しかけたときに、漁獲量を６とすると、右下以外では漁獲量が減少します。なお右下は 16 ですが、漁獲資源が

増加していますので、16獲っても資源は減ることはないことになります。

持続可能な漁獲量は漁獲割合で示され、漁獲高が維持可能な漁獲割合を超えれば漁獲資源は減少し、その割合よりも低くなると資源は維持もしくは増大します。たとえば漁獲資源に対し、翌年は25％増加するとします。このとき資源100に対し20獲ると翌年は100（残りの80×1.25）に戻ります。つまり資源を維持するための漁獲割合は20％となります。100から40獲ると100には戻らず、75（残りの60×1.25）になり減少します。同様に10獲れば増加（残りの90×1.25＞100）します。

このゲーム論は2つの経済主体が協力しなければ、結果として最悪の結果になることを意味します。囚人のジレンマでは、2人の共犯者が別々の独房に入れられたときには、2人で協力できない、つまり非協力ゲームとなって、2人とも黙秘をしておけば軽く済むのに、自白をして重い罪になることが教科書ではよく説明されます。

結局漁獲量を維持もしくは増やそうとするには、魚種ごとの資源量を調査して漁獲量の上限を決め、各漁業者が協力をして上限を守る必要があります。世界的には魚種ごとで、生物学的許容漁獲量（ABC）[12]を決め、それを基に、漁獲可能量（TAC：Total Allowable Catch）を設定します。日本では令和7年のTAC対象は、さんま、すけとうだら、まあじ、まいわし、まさば及びごまさば、するめいか、ずわいがに、まだら、の8種が対象です。ところが、片野・阪口(2019)[13]、勝川(2016)[14]らによれば、日本のTACの枠は大きすぎ、持続可能な漁獲量よりも多く、実質的に機能していません。しかもTACの日本の対象魚種の8種類は主要な水産国と比べて少なく、アイスランドでは50種、ノルウェーでは38種あります。さらに資源管理の基礎となるデータに関して、算出されているのは23種（非TACが27種）、未算出が27種となっています[15]。

Ichinokawa et al. (2017)[16]は、2000年の少し前から2015年のTAC管理の意義・効果について調べています。この研究では、日本のTAC対象の漁獲資源でも、持続可能量を下回り、2012年～2015年でようやく上回ったとしています。非TACの漁業資源は、持続可能量を下回り、持続可能でないことを明らかにしています。同研究によれば、日本のTAC対象群は、持続可能な漁獲割合を2005年から下回るようになった、つまり改善したものの、日本の非TACと日本全体では漁獲量は持続可能な漁獲割合を超えて、獲り過ぎによって漁業資源が減少しています。

5.3.4　今後の行方

今後の予想としてまず考えられるのは、このままじり貧になって、漁業者も漁獲高も減少することです。この場合は通常市場原理で価格が高騰します。一方現在海外からの水産物の輸入には関税がかかっていません。このため魚種にも依りますが、輸入量が増えていき、価格の高騰が抑えられます。このときは、漁業者は価格が高くならないので獲ろうとしません。海外産がない場合は、輸入はなく高騰したままです。この結果漁業者は獲ろうとします。しかしながら資源管理が十分でなければ、資源は枯渇してしまいます。いずれにしても漁業はさらに衰退します。

資源量の確保と、生産性の向上がなければ、結局さらに衰退しかねない状況です。資源量の確保では国際的な認証ラベルがあります。持続的な漁業をしている漁業者が獲った魚に対して国の内外を問わず認証ラベルを貼るものです。消費者はラベルを貼っているのを多少高くても購入し、そうでないのを多少安くても購入しないのであれば、漁業は持続可能になり得ます。

世界的なMSC（Marine Stewardship Council、海洋管理協議会）認証制度は、資源の持続可能な漁業に必要な資源量と持続可能な漁獲高の把握、管理された漁業のためのルールが明確であること、さらに他の生態系への影響を最小に抑えることが条件になっています。このような認証制度の普及には、いくつかの条件が必要です。まず消費者が十分理解し、反SDGsの商

MSC ラベル[17]

品を購入しないことと、ラベル認証制度を、政府や小売りが積極的に推進すること、売れなくなる非SDGsの漁業者を政府が説得あるいは何らかの補助金を出すことが必要です。しかし日本の消費者は安いのを購入する可能性がありますし、政治的な反発も予想されます。

なお、MSCの魚価が同様な魚種と比べて安ければ普及しますが、高価格であれば工夫が必要です。消費者が購入しない理由として行動経済学の現在バイアスがあります。これは将来の利益よりも現在の利益を重視することです。持続可能でない魚の購入をやめて、持続可能な魚を購入すると、長期的には利益となるものの、短期的な利益を重視するので、ついつい非SDGsの安い魚を購入してしまいます。もう1つはゲーム理論から、自分だけが高いMSCラベル商品を購入して他の方が安いのを購入するのは、不公平だと考える人がいます。このようなことから、魚種によってはMSCラベルのものしか販売しないなどの措置が必要です。

海外では伸びている養殖業が期待されますが、日本の養殖業は伸びていません。魚離れでこれ以上養殖しても需要がない、飼料のコスト高で高価格になって、需要が伸びないなどが考えられます。日本の領海及び排他的経済水域は世界では7位ととても広く、日本の周辺水域には、親潮や黒潮などの海流がぶつかることで、豊かな漁場が形成されて漁業大国を維持できていたにもかかわらず、そうなっていません。さらに日本、中国、ロシア、韓国、北朝鮮、台湾を含めた国際漁業協定が必要で、魚種によっては実効性のあるものもあれば、そうでないのもあります。表5.3.4にあるように、先進的な北欧やアイスランドに比べて、1人当たりの漁獲高や船も小さいままです。資源量確保の他、AIを駆使して、近代的な経営体による、生産性の向上、労働環境の改善が望まれます。

5.4 グローバル、自給率

5.4.1 競争環境とグローバル化　自給率

すでに記述していますように、グローバル化に農水産業はさらされています。保存のきく食材や冷凍食材は、海外との競争に打ち勝つ必要があります。生鮮食品や多くの農地を必要としない農業は、国際競争上不利でもないので、まだまだ生き残っていきます。そうでない品目は貿易保護の対象とするか、少量生産高付加価値にするとか、さまざまな技術あるいは経営革新をしないと、生き残ることは難しいでしょう。貿易からの保護は現在自由貿易協定の関係で日本だけでは決めることが難しくなっています。

日本の自給率は生産額でもカロリーでも低下しています（グラフ5.4.1）。ただしカロリーベースでは下げ止まっています。表5.4.2は平成10年度（1998年度）と令和３年（2021年度）の、カロリーベースの食品別割合で、その総量と食料品の自給率を比較したものです。総摂取カロリーは減少しています。お米は23％から21％、畜産物は15％から18％と、お米の比率は減少し、畜産物がお米に迫ろうとしていることがわかります。カロ

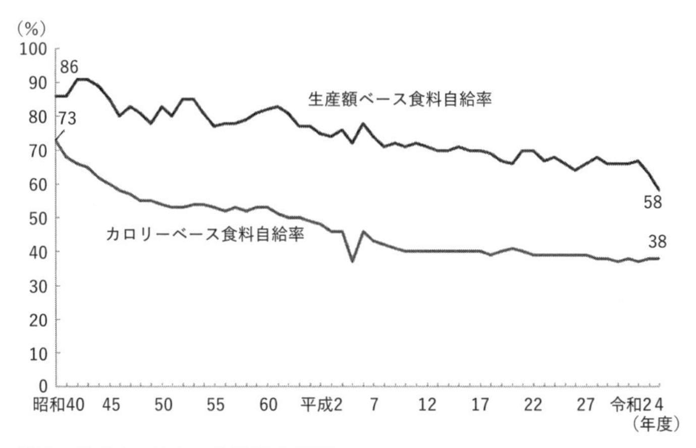

グラフ5.4.1　日本の自給率の推移
出典：農林水産省　日本の食料自給率より転載

表 5.4.2　食料消費構造とカロリーベース食料自給率の変化

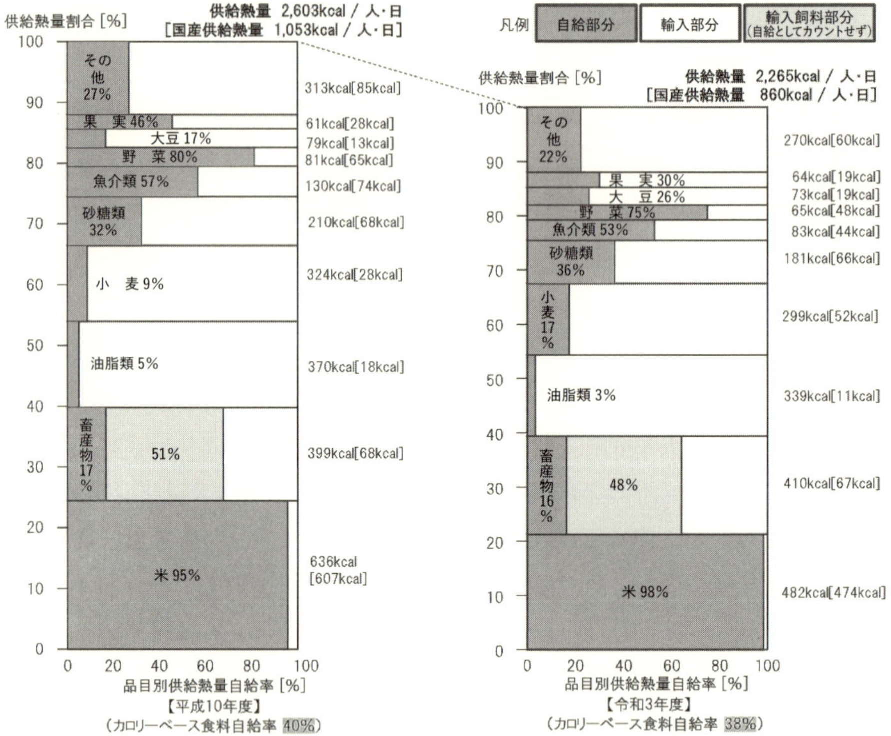

凡例　自給部分　輸入部分　輸入飼料部分（自給としてカウントせず）

【平成10年度】
供給熱量割合［%］
供給熱量　2,603kcal / 人・日
［国産供給熱量　1,053kcal / 人・日］

その他 27%　313kcal［85kcal］
果　実 46%　61kcal［28kcal］
大豆 17%　79kcal［13kcal］
野　菜 80%　81kcal［65kcal］
魚介類 57%　130kcal［74kcal］
砂糖類 32%　210kcal［68kcal］
小　麦 9%　324kcal［28kcal］
油脂類 5%　370kcal［18kcal］
畜産物 17%　51%　399kcal［68kcal］
米 95%　636kcal［607kcal］

品目別供給熱量自給率［%］
【平成10年度】
（カロリーベース食料自給率 40%）

【令和3年度】
供給熱量割合［%］
供給熱量　2,265kcal / 人・日
［国産供給熱量　860kcal / 人・日］

その他 22%　270kcal［60kcal］
果　実 30%　64kcal［19kcal］
大　豆 26%　73kcal［19kcal］
野　菜 75%　65kcal［48kcal］
魚介類 53%　83kcal［44kcal］
砂糖類 36%　181kcal［66kcal］
小麦 17%　299kcal［52kcal］
油脂類 3%　339kcal［11kcal］
畜産物 16%　48%　410kcal［67kcal］
米 98%　482kcal［474kcal］

品目別供給熱量自給率［%］
【令和3年度】
（カロリーベース食料自給率 38%）

出典：農林水産省我が国の食料・農業をめぐる状況　（令和４年）より転載

リーベースでの自給率の下げ止まりは、この表からは小麦の自給率の増加、畜産物の自給率の微増が背景にあると考えられます。小麦の増加は稲作からの転作です。野菜や魚介類は輸入関税をかけて保護をしていません。野菜の自給率が高いのは、鮮度に依存することから、近郊農業が多く、ましてや海外からの輸入になるとより鮮度の問題が出てくることになって、冷凍野菜を除くと輸入しにくくなります。

なお、この表にはありませんが、鶏卵や牛乳の自給率は結構高いものの、使用している飼料は海外産が多いです。さらに、さまざまなところで使用される原油は輸入していますので、結局石油や飼料の輸入がペルシャ湾などで止まるか、止まらないまでも半減しても、実質国内の食糧生産は相当なダメージを受けます。食糧安保の観点からは、エネルギー自給率の向上や原油輸入ルートの安定化をしていかないと、いくら自給率を向上してもリスクは残ります。もちろん新規参入による活性化や強い農業も必要です。

日本政府は輸入関税などの保護によって、いくつかの輸入食料を高くして、国内の農業者を守っています[18]。この結果多くの保護された農産物は海外よりも高くなっています。表5.4.3は、猿山（2010）らの農産物内外価格差に関する研究結果です。いずれもかなりの内外価格差が発生しています。輸入関税などを解消すると、価格は下がるものの、自給率は低下することは明らかです。ただし品質の差や国産への嗜好がありますので、実際は何ともいえません。なお国産が常に品質が良いとも限りません。

表5.4.3　農産物内外価格差

	コメ	小麦	砂糖	牛乳　乳製品	牛肉	豚肉
内外価格差	２倍	２倍強	３倍	３倍	３倍弱	２倍弱

出典：猿山他（2010年）、農業保護はどの程度家計負担を増やしているか、独立法人統計情報センター．から抜粋

5.4.2　規模の経済、土地生産性、労働生産性、高付加価値型か物的生産性型

生産性は、物的生産性と労働者１人当たりの付加価値生産性（高価格や低コスト、労働生産性）に分かれます。物的生産性には土地生産性（単収）があります。単収が低くても、高付加価値であれば何とかなります。稲作では種の直播が苗を植えるよりも単位収量は下がりますが、直播のほうのコストが低く、広い耕地があれば生産性が増加します。アメリカ、カナダ、オーストラリアの企業穀物農業は、粗放農業といわれ、広大な土地を少ない労働者で大型機械を用いて労力を掛けませんので、労働生産性は高いです。

出典：山形　佐藤錦　出典：山形ムービーマーケットHP

これに対し、少ない土地で労力を掛ける園芸農家は、単価の高い高付加価値型の農業で収益を出しているところもあります。写真は山形のサクランボで、1kgで約2万円です。手間暇を掛けて、高価格のサクランボを生産しています。

グラフ5.4.4から、国内だけなら、10haまでは規模の経済があってコストが下がりますが、それを超えると規模の経済はそれほど作用せず、コストは下がりません。しかしアメリカは規模も大きい（表5.2.8、平均161ha）だけでなく、コストも相当低いです。アメリカでは、水田を耕すときにレーザー誘導の整地機械を用いて広い区画の水田を平らに耕し、水

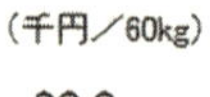

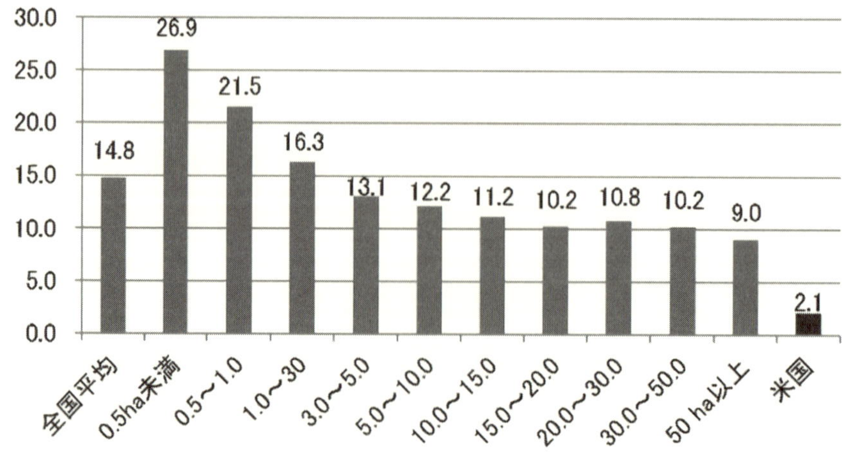

グラフ5.4.4　日本のコメ生産費の規模別比較とアメリカのコメの生産費
出典：農林水産省　経営規模・生産コスト等の内外比較より転載

深が一定になるようにして、場所によるムラをなくします。12cm 程度の深さまで水を入れて、直播を飛行機から行います。結構な深さがあるので、除草剤をまかなくても雑草が生えることが減り、農薬を使うことや除草作業がなくなることが考えられます[19]。

一方、畜産は膨大な土地が有利でもありません。養鶏や養卵は管理されたゲージで飼育します。牛は放牧用のつまり食べられる草地があれば、飼育飼料が少なくて済みます。海外との競争には不利な土地の外的条件は、穀物ほどはないといえます。稲作は、国内だけであれば、パンなど他と比べての高価格と美味しさを、消費者がどこまで評価してくれるかに依存します。

さらに経営形態として、個人ではなく、法人組織などへの移行は必要であると考えられます。後継者や技術の伝播などから、個人では限界があります。将来独立するにしても、最初から起業するのはこの章の最初にあったようにどうしても収入が少なく、普通の方にはハードルが高いです。普通に企業に就職するのと同様に、就職先が農業や漁業法人であると、人材を得やすいでしょう。最近はスマート農業など、今の IT に対応した各種ソフトやアプリを使います。これには、衛星画像を用いた区画ごとの、細かな標高、地力、それに天候を基に、作物ごとに、水、肥料、除草剤の適切な時期を教えてくれたり、画像だけで雑草や害虫の種類がわかるのもあります。個人の直感や経験に頼っていた部分を補ってくれます。IT は今後も農業だけでなく伸びる余地がまだまだあります。

5.4.3　世界の食事情

異常気象、砂漠化の進行、水不足、洪水、人口増加などで、食糧生産は伸びず、食糧不足が到来するのでしょうか。グラフ 5.4.5 は、世界の穀物の需給及び単収等の推移です。この間人口は 30 億人から 78 億人と、2.6 倍に増えています。収穫面積はそれほど増えていません。これは農地がこれ以上増やしづらい、人口の増加による耕地面積の減少などの要因です。消費あるいは生産が3.3倍に伸びているのは、単収（土地当たりの収穫量）の増加であることがわかります。

単収増加の要因は、日本の農業と同様に、種子、灌漑、肥料などの改善です。人口以上に収穫が伸びているのは、需要面で、穀物が牛や魚（養殖）などの飼料に使用されていることがまず考えられます。所得の増加とともに、このような魚肉への需要が高まり、穀物需要を人口以上に押し上げます。牛肉1kgを生産するための穀物は11kg、豚肉は7kg、鶏肉は4kgといわれています。これを増肉係数と呼びます。牛肉の価格が高い理由は以下のとおりです。増肉係数が高いために、飼料コストが高く、また繁殖能力が低く、牛は1頭当たり1年で1頭、豚は半年で6頭です。鶏は卵なので結構多く繁殖できます。またウシの飼育期間は2年～2年半、ニワトリは30～40日、ブタは6ヶ月ほど、さらに精肉比率（1頭のうちどの程度肉にできるか）は、牛は33％、ニワトリは53％、豚は43％と、牛はいろんな意味で効率が悪いです。なお、近年バイオ燃料の需要も伸びています。バイオ燃料の60％がトウモロコシ、25％がサトウキビ（OECD－FAO

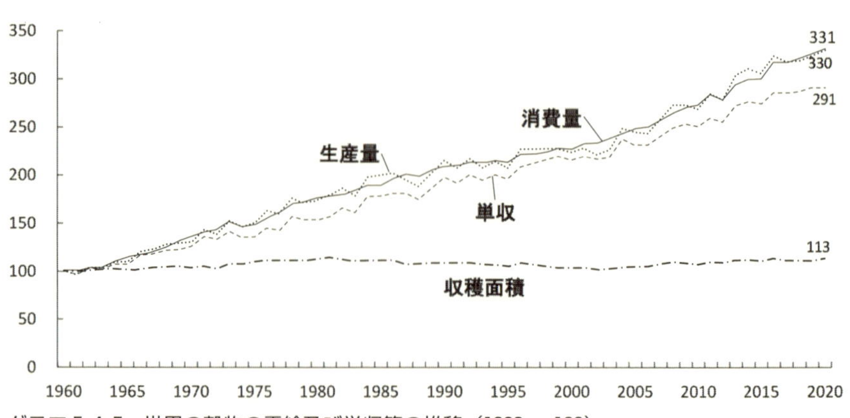

グラフ5.4.5　世界の穀物の需給及び単収等の推移（1960＝100）
出典：農林水産省世界の食料需給の動向（令和3年）より転載

Agricultural Outlook）といわれています。バイオ燃料自体は地球温暖化ガスを発生するものの、植物のときに光合成で二酸化炭素を吸収しますので、発生するガスは相殺されます。

地球温暖化によって農水産業は影響を受けますが、温暖な地域では負、寒冷地ではプラスの影響が農作物にはあるという研究があります。地球温暖化は負の影響だけではありません。ただし、気候変動の幅が大きくなるので、干ばつや洪水が発生します。最近では西アフリカの干ばつによって、世界的なカカオ不足になっています。このように農業のインフラが整っておらず、かつ特定の地域のみで産出される作物は、品不足のリスクが高まります。一般的には高温化対応の品種改良、品種変更や灌漑などの対応ができれば、心配はそれほどないかもしれません。自給率の低い日本では輸入食材の国や地域を分散させておけば、気候変動によるリスクを減らせます。なお、お米については日本全体では今年（2024年）の収穫量は猛暑にも拘わらずほぼ例年並みで高温障害はなく、筆者の水田も猛暑時の水管理対策などで、結果として品質には影響はありませんでした。

5.4.4　飢餓問題

さて、世界全体としては、食糧供給は伸びてきて、食ではないバイオ燃料まで供給しています。一方で飢餓に苦しむ人々がいます。飢餓は単に、食糧援助すれば解決するものではなく、水道施設による水衛生の改善、保健栄養指導、ワクチン接種、教育支援、農具配布、インフラ整備などの、総合的な開発支援が必要です。単なる食料援助では、農業生産の向上そして経済的自立にはつながらず、むしろ援助に依存してしまい、事態を改善することには必ずしもなりません。この分野は経済学では途上国経済論、開発経済論などといわれ、昔から研究が進んでいます。

解決には貧困の罠つまり、その悪循環からいかに抜け出せるかが、鍵になります。貧困になると、栄養状態が悪く病気がちで働けず、教育水準も低く農業も改善されず、国全体として貧しくなって、道路（それも舗装道路）、橋などの物的インフラ整備も進まず、保健衛生の改善も進みません。また人口増加を抑えるのも重要です。人口増のままなら、農業の生産性が向上しても、1人当たりの耕地は小さくなって、1人当たりの農業生産は増えずに貧困のままです[20]。また農村部の余った人々が都市部へ流れて、スラム街の人口を増やすことがあります。また治安が悪くなって、インフラ未整備と合わさって、海外からの援助だけでなく、経済発展のエンジンとなる海外からの直接投資が減少し、経済発展が望めなくなります。逆にいえば、上手く回り出すと、テイクオフといって、成長過程に入ると、援助への依存が減ってきます。

結局食糧援助は、内戦や大規模な洪水など、一時的な場合はより効果的になりますが、飢餓が構造的である場合は、経済構造の見直し、政治の不安定や貧困の要因の除去とセットで実施しないと、飢餓の減少、そして経済的自立にはつながらないです。終結しない内戦・紛争、長期独裁政権による失敗した経済運営、汚職や賄賂があると、援助する側も命の危険にさらされ、あるいは援助が有効に使われないなど、悲惨な状況が続きます。

注

1　なお、2021年では第1次産業の就業人口比は3.1％です。
2　農業出荷額の部門別順位は1位：野菜、2位：米、3位：果実、4位：肉用牛、5位：生乳です。また花き（かき）は切り花や鉢植えの花のことです。
3　ビニールハウスで覆っていますので雨水の直接利用はできません。寒い日はビニールハウスを閉めて、日光の光でハウス内を温めます。
4　aはアールと呼び、1aは100m²です。
5　単収の数値は、日本で通常の5t/ha台よりも高めに出ていますが、他の各国も同様に高めと考えられます。
6　これらはミニマム・アクセス米（詳しくは第8章8.2.4）で一定量輸入されています。カルローズは「USA RICE カルローズレシピ」、ジャスミン米は「DELISH KITCHEN ジャスミン米」などを参照してください。どちらも必ずしも炊飯器を用いなくても調理できます。

7　仮に、単収が 1.5 倍になったとして、国内需要が 1.2 倍なら、収穫可能量＝ 700 万 t × 1.5 － 700 万 t × 1.2 ＝ 210 万 t、と 210 万 t の分のお米の耕作地が余ります。
8　1ha ＝ 100a ＝ 10000m²
9　水産庁：水産物貿易の動向（令和６年）
10　令和元年漁業構造動態調査報告書―政府統計の総合窓口
11　水産庁：漁業就業構造等の変化
12　Allowable（または Acceptable）Biological Catch、つまり生物学的許容漁獲量は、その資源について、現状の生物的、非生物的環境条件のもとで持続的に達成できる最大の漁獲量（最大持続生産量）を目指そうとする場合に、生物学的に最も推奨できる漁獲量。（水産庁）
13　片野歩、阪口功（2019）『日本の水産資源管理：漁業衰退の真因と復活への道を探る』慶應義塾大学出版会
14　勝川俊雄（2016）『魚が食べられなくなる日』小学館新書
15　内閣府：我が国水産業の現状と課題、未算出は限られた資料から筆者計算。
16　Ichinokawa et al（2017）, “The status of Japanese fisheries relative to fisheries around the world” ICES Journal of Marine Science, 74, 1277－1287.
17　MSC（海洋管理協議会）― Marine Stewardship Council
18　50％の関税率なら、１万円の輸入品は、国内では、1.5 万円になります。
19　「USA RICE アメリカ米生産工程」より、日本ではここまで深くすると、田植え時やその後の生育に支障となるのでできません。
20　実際バングラデシュが一時期それに近い状況でした。

第6章

食と経済・ビジネスの応用とトピックス

キーワード

損益分岐点
●
減価償却
●
システム1（直感）
●
システム2（論理）
●
アンカリング効果
●
プロスペクト理論
●
ナッジ
●
中間業者（卸、商社）
●
フランチャイズ
●
トランス脂肪酸

この章で学ぶこと

この章ではこれまでの応用として、食の経済・ビジネスと関連したトピックスをいくつか取り上げます。本書の目的と関連して重要と思われる項目をピックアップし、通常の経済学の入門テキストでは扱わない項目もあります。最初に起業を扱うのは、シンプルでかつビジネスの基礎がわかりやすいからです。起業は、食だけでなく経済やビジネスの活性化に必須です。

次にビジネスの世界でも注目されている脳科学や心理学の応用でもある行動経済学、その他のトピックスとして、中間業者（卸、商社）の役割、フランチャイズ、信頼、食品安全とビジネスの例としてトランス脂肪酸、を紹介します。いずれも身近なことではあるものの、読むと気が付くことが多く、食を含めた人々の心理や、ビジネス、あるいは政治、食品安全政策の理解に役立ちます。

6.1 起業

起業を最初に説明するのは、ビジネスや仕事をシンプルに理解することができるためです[1]。多くのビジネスの要素が簡潔に詰まっています。なお食、特に外食関連は比較的規模を必要としないことから、起業しやすいです。また最近の通販も小ビジネスの参入をしやすくしています。これは動画の発信が、これまでテレビだけであったのが、SNSの発達で1人でもできるようになったのと似ています。

6.1.1 起業の一般理論とその帰結

個人あるいは少人数での起業は、一般的には規模の経済が早めに終了する、つまり規模の経済がそれほどでもないか、もう1つは少量で高付加価値が可能（地ビールなど）かの、いずれかになります。カフェはスタバや星乃珈琲などのチェーン店があるものの、街の1店舗だけのカフェも存続しています。またカフェ1店舗の最適規模は大きいことはありません。一方地ビールの事業者は結構存在していますが、どうしても大手のビールと比べて高価格になりがちです。大手ビールは大量生産により規模の経済が作用しています。一方ビールの味は麦芽、酵母、ホップ、熟成期間を変えることで、無限にあります。このため大手ビールと異なる味付けをし、地方の食材を利用するなど、独自性をだせば、コストは多少価格が高くても一定の需要があります。なおビールは課税対象ですので、発泡酒で年間6000L（リットル）、ビールで3万L以上の製造が、免許許可の対象となります。1L = 1500円（350ml500円程度）で6000L売るとすれば、年間の売り上げは、約900万円（6000 × 1500）になります。ここから設備や原材料などの諸経費や税金が差し引かれて残ったのが、事業者の所得になります。日本では全体で500万kL程度を大手数社が寡占していますので、量が全く違うことがわかります。

図6.1.1は知識・技能と成功確率との関係のイメージ図です。成功率とはここではたとえば5年後も存続していることと解釈します。多少の知識があっても成功確率は必ずしも上昇しないものの、蓄積が進んでくると成功率は上昇しだします。とはいえある一定以上の知識や技能は、蓄積しても成功確率はそこまでは上昇しなくなります。結局外食なら出店してみないと、本当のところはわからないことに起因します。たとえばカフェをオープンするときの場所の設定では、通常ライバルとなりそうな店や、周辺の所得や年齢層もチェックします。しかし、客がどの程度来店するかは、開店するまでわかりませんし、来た客がリピートするかはもっと不明です。この知識には他の成功例の情報収集もあります。全く新しいことよりも先行の成功事例があると、起業しやすいです。もちろん新しいコンセプトで開店するのもそれは１つの考え方です。

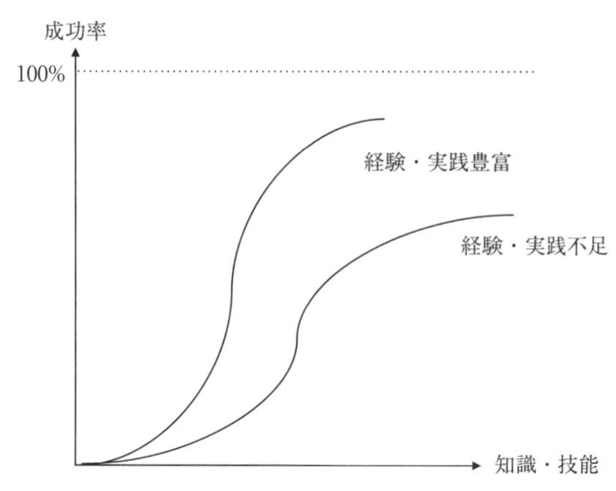

図6.1.1　知識・技能と成功確率との関係のイメージ図

とはいえ、経験や実践でお試し的なことをしていないと、知識や技能では限界があることは間違いなく、図はそのことを示しています。会社員をしていて起業するときは、副業を認めていないことが多く、経験を積むことはコンプラ上困難が予想されます。とはいえ会社員をしていて、その仕事上の直接の経験や人脈を活かすことで、起業につなげると自然にリスクは減るでしょう。企業内ベンチャーはこれらの点を考慮したものになります。

この他、組織論からのアプローチが考えられます。大企業と中小企業の違いが極端に出ます。大きな会社において新商品を発売するのと、その企業から独立して販売するのとでは、何が違うのでしょうか。会社の方が失敗するとだれが責任者だとか、昇任できないなどとなって、リスクを恐れて保守的になることがあります。また意思決定は必ずしも自分の意見が通ることがなくなったり、組織の理解を得たり説得したりするのに時間がかかり、結局できないこともあります。説得する過程で、提案が洗練されることもあります。一方独立すれば、行動や裁量の自由があり、意思決定も早くなり、成功すると自分のものに、失敗すると自己責任になります。

組織内分業の観点からは、起業するとすべて1人で製造から営業、経理までこなすことが必要になり、組織力が発揮できなくなります。一方、すべてこなすことで、製造のことしか知らない、営業は詳しいとかがなくなります。経理は部外の経理担当に依頼するなど、実際はすべて完全に1人でできるわけではなく、ある程度委託します。大企業でもIT関連や商品開発や、広告を一部委託や外注することもあります。

それから、多様性の視点があります。消費者は多様性あるいは変化を求めることがあります。ビールの例にあるように、小さな事業者の多様な味覚のビールが市場に出回ります。カフェであればチェーン店なら同様な店舗や味になりがちですが、経営者が異なると内装や雰囲気、出てくる飲料も異なります。つまり参入する企業が増えると、多様性が増します。差別化が行われていると高価格でも、あるいは低コストであれば、持続可能となります。ただしそれが大きな企業内で多様な商品を販売するのか、独立しての起業による個性的な消費による多様化なのか、などさまざまな場合があります[2]。

なぜ起業するのかに関し、図6.1.2は開業動機（3つまで複数回答）です。以上の議論を補完できます。最も多い「自由に仕事をしたい」や「自分の技術やアイデアを事業化したい」、「時間や気持ちにゆとりが欲しい」、「年齢や性別に関係なく・・」などは組織のデメリットになります。これま

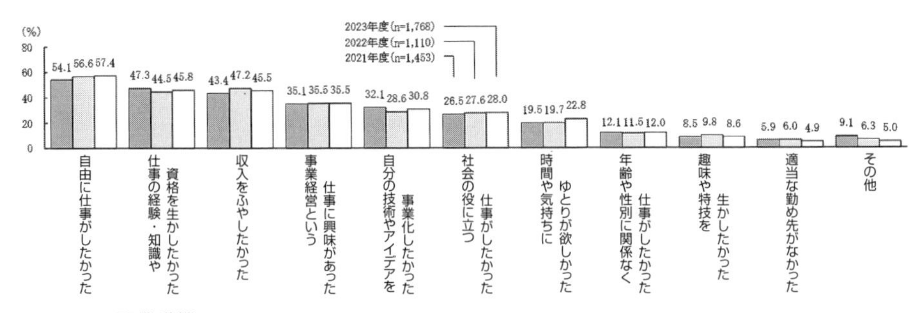

図6.1.2　開業動機

出典：「2023年度新規開業実態調査」～アンケート結果の概要～、日本政策金融公庫総合研究所（2023年）より転載

で触れていなかった収入増は、逆にいえば収入が減少するのであれば、躊躇することもあることがわかります。

6.1.2　事業計画と損益分岐点

起業するときに、自己資金か借りるかで、ハードルは変わってきます。銀行から融資を受けて借りるときは事業計画が必要となります。自己資金でも、チェック事項は同じで、むしろ外部からのチェックがなくなるので、甘くなることもあります。新規事業のチェック事項としては、既存の企業に対しての優位性が何か、周辺の競合店との関係で、結局客が来るかが重要な鍵になります。それと関連して、初期投資額や開業資金によって、損益分岐点が決まります。図6.1.2の資料によれば、開業費用は平均で約1000万円、中央値[3]は550万円です。開業時の資金調達の平均は1180万円で、自己資金は23.8％の約280万円で、残りの大部分は金融機関からの借り入れでした。

数値例カフェ

家の内装：400万円、家具：100万円、設備（厨房、冷蔵庫など）：100万円

計600万円、100万円は自己資金、残り500万円は借入とします。

10年返済で金利固定1.5％であれば毎月4.5万円の返済

客の平均単価：600円（1人の支払う平均額）
食材費：200円（コーヒー、その他ケーキやサンドイッチなど）
光熱費など：1.5万円
アルバイト人件費：1カ月12万円（時給千円、20日間×6時間）
家賃：6万円
このとき1カ月の客数をxとします。
収入（売り上げ）は600 x、費用は、240000 + 200x です[4]。損益分岐点のxは、収入＝費用ですので、ここから損益分岐点の客数は、

$$x = 600$$

となります。20日間営業とすれば、1日30名が損益分岐点になります。ただし、この数値例は、本人自身は働かないことになっています。アルバイトなしで本人が店に立つときは、1カ月で12万円しか稼ぎがないことになります。食材費を下げればいいのですが、品質の低下を招きかねません。そうならないようにするのは、たとえば必要以上に豆にこだわらない、焙煎を自分で行うことなどが考えられます。食材費を50円下げると、$450x = 240000$ より、$x \fallingdotseq 533$ と損益分岐の人数は減ります。この他税金、経理、決済端末やカード会社に払う手数料、食材購入の発注と決済、instagramへの掲載、などの費用と手間が（販管費用ともいいます）かかります。

街には古びた1人の店員で、客があまりいないカフェがあることがあります。それでも存続しているのであれば、喫茶以外のお菓子や物品の販売がある、内装や設備は古いままで放置、自分のお店で収入は小遣い程度でよいなどが、考えられます。同様に田舎の観光地の古いお店で、おばあさんが1人留守番のような雑貨屋さんが残っていることがありますが、これも同様と思われます。

ここで、キーワードであげた設備の減価償却の概念があります。この数値例では、借金の返済が減価償却費を積み立てに当たると解釈できます。積立分を返済できれば、設備の更新時に再度借りることができます。すべて自己資金の場合は、この積み立てができなければ、更新時に借金をしなければならず、借金をすると今度は返済資金が必要となって、経営は苦しくなります。先ほどの古びたお店は、もう建物や設備を更新する気はなく、減価償却費を積み立てる必要がないとすれば経営上は楽になります。

この他の重要な概念としては機械の回収年数があります。これは投資をしたときに何年で元がとれるようになるかです。この数値例のカフェで、新たに焙煎を自分でするために焙煎機を購入するとします。業務用の100万円の焙煎機を購入し、コーヒー1杯の豆代が20円安くなるとします。そうであれば、回収するのに、100万円÷20円＝5万杯から黒字になります。1カ月で、500杯提供するとすれば、年間約6000杯、10年間で回収できます。耐久年数が10年なら、この投資は黒字になります。焙煎には手間すなわち人件費もかかりますので、耐久性、品質なども考慮して決めていきます。

例として、ピッツア店では、生地練り機械の購入をするか否かの決定に関わります。味には影響しませんので、提供する量に依存します。ピッツア専門店ではこの機械を購入しています。地ビールの会社では、ビール設備を2000万円にするか3000万円にするか、これも提供するビールの量に依存します。提供量が少ないと3000万円はオーバースペックになります。これは経済学では限界原理になります。投資を増やすときに、どこまで増やすか、費用対効果あるいはコストベネフィットを考慮します。

円安などで食材費が値上がりすることは厳しいことが、この数値例でわかります。国内要因の賃上げとセットでの値上がりであれば、価格に転嫁して値上げしても賃金が上昇していますので、客数は減りませんが、円安などの外的な要因でかつ賃金がそこまで上昇しないのであれば、値上げをすると、客が減ります。この結果売り上げが伸びず、結果売り上げが同じであれば、食材費の値上げによって、収益は下がります。

6.1.3　開廃業率の国際比較

経済や産業の活性化には、新規参入が必要です。起業は企業内ベンチャーや小会社経営という形でも行われていて、必ずしも企業を辞めてからの起業ではありません。グラフ 6.1.3 は開廃業率の国際比較です。日本の開業率は明らかに低いです。廃業率はグラフには示していませんが、日本は低いです。

この低い開業率の要因として、同じ資料のグラフ 6.1.4 の起業意識の国際比較では、さまざまな外的要因があります。日本では起業はそれほど評価されず、知識・能力・経験・機会も少なく、仲間も少ない状況です。グラフにはありませんが、起業への無関心者の割合は、日本は 77.3 %で、他の先進国の 39 %から 23 %と比べてもかなり高くなっています。

さらに、同資料の起業環境では、起業しやすさの順位は低く、開業コスト（所得比率）は、7.5 %と、他の先進国が 2 %もないのに比べて高くなっ

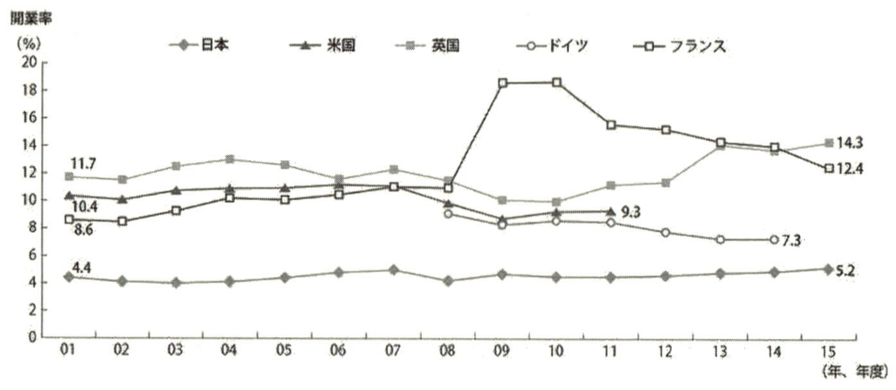

グラフ 6.1.3　開業率の国際比較
出典：中小企業庁 起業の実態の国際比較（開廃業率の国際比較）より転載

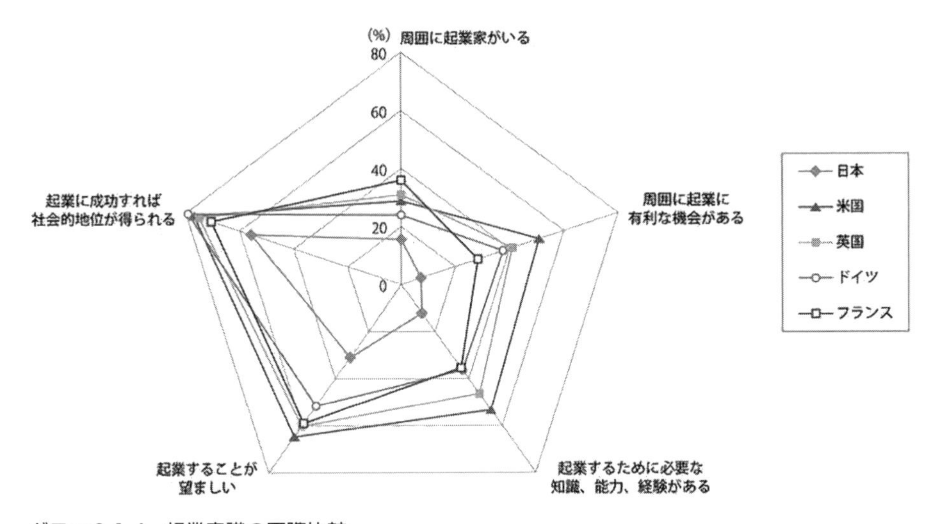

グラフ6.1.4　起業意識の国際比較
出典：中小企業庁 起業の実態の国際比較（起業意識の国際比較）より転載

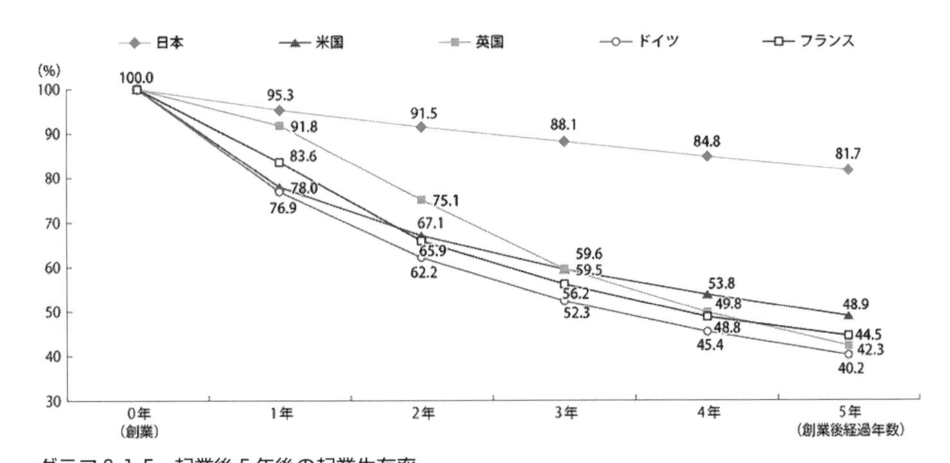

グラフ6.1.5　起業後５年後の起業生存率
出典：中小企業庁 起業の実態の国際比較（開廃業率の国際比較）より転載

ています。また起業教育やスタートアップ融資なども実施されています。

一方起業5年後の生存率（グラフ6.1.5）は、日本だけが逆にかなり高くなっています。要因として日本はリスクを嫌う傾向から、事前に準備をして、うまくいきそうであれば開業していることがわかります。ただし対所得比率の開業資金が低い海外の先進国では、撤退してもその損失は低いことが考えられ、高リスク低コストであるのに対し、日本では相対的には低リスク高コストで、バランスはとれていると考えられます。なお日本の飲食業は他の日本の産業に比べて開業率、廃業率とも高いです。これには固定費が低いなどの参入のしやすさが背景にあります。

6.1.4 起業に必要なこと

この節の最後に、食を念頭に起業に必要なことを以下にまとめてみました。

1. 目的やビジョンが明確で情熱がある。
2. 仲間がいる。一緒に開業するかは別としても、非金銭的に協力、励ましてくれる人がいる。
3. 競争上の優位性あるいは特徴は何か、ニーズや商圏を把握している。
4. 店や会社の立地（あるいは通販）の場所と販売方法が明確で、広告や instagram などに目途がある。
5. さまざまな食材の仕入先や調理方法がわかっている。
6. 売り上げと利益、資金調達の計画があり、現実的に可能である。
7. リスクを避ける（はじめは小さく始めてノウハウを蓄積してから設備投資を拡大など）。
8. 精神面では、多少のマイナス情報にストレスを感じない程度に楽観的でかつ冷静に計算ができる。
9. 消費者にとって意義があり、それを明確に伝えられ、それに応じた価格である。

3. は、既存の事業所や企業に対しての優位性や特徴が何かが明確で需要があることが求められます。特に競争の厳しいところで、そこに割って入るのであれば、なおさらです。言い換えると差別化です。そしてそこに需要があれば、ビジネスチャンスがあることになります。この差別化が、コスト上なのか、技能や品質なのか、さらにそれらはライバルが真似をできるかで、ビジネス戦略が変わります。ピッツアなら、職人技によって味が異なることがあり、そうであれば追随が難しくなり、持続的になります。オーナーの高齢化で閉店したカフェの店で、仮に内装も新しく、家賃が普通であれば、新規の投資も必要なく、好条件でコスト上の優位があります。差別化がなくてもライバル店の立地が少なければ可能です。しかし、立地がないということは、需要が少ない可能性もあります。6. と関連して、計画を立てるにしても、仕入先をどこにするかは5. が明確でないと、より具体的でなくなります。

失敗事例を挙げますと、農業の新規開業で、一定の技術指導を受けて、ある野菜を生産し始めたものの、その地域で同じ野菜を奨励していたために、過剰生産となって値崩れして、うまくいかないことがありました。値崩れするとは予想していませんでした。情報収集で他の事業者の動向を知っておくか、リスク回避で、いくつかの野菜を作っておけば、回避できた可能性があります。7. との関係では、最初事業規模を小さめにして、設備投資を小さくしておいて、固定費用を下げておくと、返済は少なく失敗しても少ない赤字で済んで、決定的なダメージにならなくなります。

また8. ではすぐに悲観的になる人はストレスがかかって向いていないでしょう。何とかなると思わなければ、持続可能ではありません。楽観的な人が向いているとはいえ、過度にかつ根拠がない楽観も禁物です。1. と関連して情熱があると、多少の困難でも頑張れます、また2. で支援してくれる人がいると、事業への直接の手助けだけでなく、ストレスが和らぎます。客観的に観ても支援する人がいるということは、その事業に魅力があるといえるでしょう。

9. の意義は、財またサービスがこれまでの既存とどのように違うのか、そしてそれが消費者やユーザーにとって「欲しかったもの、これは面白い」と思われるかです。2つ目は、メッセージ性で、ネーミングや容器、キーワードです。「ここでしか買えない」「豊潤な」「○○水使用」のような枕詞の使用です。最後の価格は安い方がいいものの、安くし過ぎても安物と思われ、高くし過ぎても売れません。「この価格は質や内容からは安い」、「少し高いが価値はある」などであればいいでしょう。適切な価格付けは、コストや経営とも絡みます。ターゲット層の所得やポジショニングとも関連します。

6.2 行動経済学と食

ここではビジネスで利用されるようになってきた行動経済学を説明します。消費者行動の心理を利用して、企業が収益を上げていると見られることがあります。消費者目線では、このことを理解して、自分の商品に対する満足度を客観視することや、生活する上でのバイアスを把握して無意識の考え方を点検することが大切です。

6.2.1 2つの意思決定システム

この分野で有名な理論は、システム1（直感）とシステム2（論理）です。通常は情報を多く入手してじっくりと熟考することはなく、過去の経験（ヒューリスティック）なども利用して、素早く決定するシステム1を用います。たとえば食品スーパーで、人々が購入決定するときに、それぞれの商品の品質、他店の価格や状況を調べてから購入する人はほとんどいません。通常、よく考えてもわからないことも多く、なんとなく直感で決めることが多いです。じっくりと時間をかけて、情報を把握・分析するシステム2は、高額商品で発動しても、その時間コストに見合うだけのリターンがあります。

ところで、システム１と２はまったく別でもありません。将棋の世界では、次の最善手を選ぶためには、いくつかの選択肢の中から、相手の指す手を予想して、論理的につまりシステム２を使って考えます。しかし指し手が増えるほど結果は相当増えて、人間では限界があります[5]。そこで登場するのがシステム１で、考えてもよくわからないので最後は直感になります。最初の選択肢の候補を、過去の経験で直感的に選ぶものの、実は落とし穴があって、最善手が抜けていることもあり、そこにセンスや柔軟性が必要となります。最近の研究では、大脳が多くの知識と論理を司り（システム2）、小脳が大脳からの情報を受けて直感や感性を司って（システム1）いて、プロの棋士はシステム２と同様な結論を素早くシステム１で出せるといわれています。大脳と小脳は連携していますので、直感は必ずしも非論理的でもなく、直感を鍛える方法は論理的思考能力を高めると同時にその経験を蓄えることになりそうです。

現代社会は情報量も選択肢も多く、さらには自分で情報を発信することがあります。さらに中身はないのに興味を引くタイトルでクリックさせようとし、広告料を稼ごうとして、結局重要であるとか物事を理解しやすい情報が埋もれてしまうことがあります。システム２よりもシステム１の方が楽ですが、ときどきシステム２を用いて、日常の行動や思考をじっくりと点検する必要があります。プロの将棋棋士と同様に、システム１と２をうまく連携させることが、さまざまなことの本質や真実を掴むことにつながります。

出典：illust AC

6.2.2　確証バイアス

この２つのシステムに関連して、確証バイアスがあります。自分がすでに持っている考え方・信念を肯定する情報を無意識に偏って集めようとする傾向です。今のIT時代、自分の興味あるニュースや画像が自動で入るようになってきています。結果として同様な考えや同じ価値観の情報が入ってきます。このことは危険で、自分と考えや選好が異なる情報が入ってこない、あるいは入ってきてもクリックしないことで、自分の考えや嗜好が正しいと凝り固まって、柔軟な発想や反対者を説得できない、あるいはビジネスで本当は売れないのに、売れると確信して販売してしまうことにつながります。2つのシステムを連携させても、これらを支える入力情報が偏っていれば、あるいは直感に一定のバイアスがあればどうしようもありません。問題視されるカルト系の宗教にはその面があって、排他的になって同じ宗教の人とのみで話をして勉強会をすると、抜け出すのがよけいに難しくなることがあります。

これを防ぐ方法の1つは多様性です。同じ出自、出身大学や学部ですと、発想や価値観が似ることがあります。そこに異質な人を入れることで、確証バイアスを避けます。この他数値で客観的に判断することも必要です。あるいはあえて反対の人の意見を、論破できるか試してみます。食でも、無農薬の食品がよい、おこげがガンに良くないので一切食べない、外国産よりも国産がよい、などが確証バイアスで強固にされていきます。正しいリスク認知につながるリスク教育やリスクコミュニケーションの困難さがここにあります。普段と違って、ちょっと調べてみる、ちょっと考えてみる、疑ってみる、などシステム2を発動することです。

6.2.3 この他のさまざまな行動経済学

人々は、脳内で個人的にすべて意思決定をしている訳ではなく、置かれた環境や状況に左右されます。以下いくつかの事例を紹介します。

(選択肢と選択アーキテクチャー)

品揃えが良い方が良い店であると思われますが、しかし選択肢が多すぎてもどれを選んでよいかわからず、困惑し買わないことがあります。そこで選択アーキテクチャーといって、商品の情報を選択しやすいように与えることをすると、購入してくれることがあります。日本酒やワインの選択では、苦味、酸味、甘さ、などの品質情報をうまく顧客に提示すると、選びやすくなります。現状日本酒なら大吟醸、純米などの表示では分かりづらいです。電化製品も同様で、シンプルな言葉でキーワードを並べると、うまくいくことがあります。検索エンジンが優れていると、いくつかの適切なキーワードを入れると、自分の要求に近いものが出て来ます。現代社会ではやたらと情報は多く選択肢が多いので、質が高くかつ情報量が少ない、あるいは優秀な検索システムとそれに対応するキーワードの選択が有効となります。

（アンカリング効果）

一般的に人々は最初を標準とすることがあり、「何事も最初が肝心」が応用されたものです。アンカーは船の錨で、船は錨を下ろしたところで移動しないことから名付けられました。メーカー希望小売価格や定価をアンカーとして提示し、それを打ち消す形で販売価格を提示すると、あたかも最初の価格が標準で、今の価格が安いと思わせて購入を促進するものです。つまり、同じ価格でも、二重価格にして、元は高価格と思わせて、支払い許容額を上げる作戦です。実際、新製品は高めの価格で売り出し、そこから徐々に値下げをするのは、よくあることです。服では、シーズン当初は高めにして、売れ残るとバーゲンをして値下げをします。逆はしんどいです。スーパーの生鮮食料品でも、夕方になると、安くしたことを示す二重線あるいは20％引きなどのステッカーが貼られます。

これらは、もともとの価格情報を提供し、情報の非対称性を解消するものです。しかし、一方、販売実績がないのに通常価格２万円として、それを１万円として売るのは、価格表示ガイドラインの二重価格表示（消費者庁）に違反します。値下げしたことの正当性があるかが大事です。この他、マスコミ報道では間違いであっても最初の報道でイメージが作られ、その後たとえ訂正されても、それが是正されないことがあります。お店や商品、人との出会いも、第一印象が大事なのはこのことです。この他食習慣でも同様で最初に何を食べたかに、一生引きずられたり、そのメーカーやブランドへのイメージが形成されることがあります。また職業では最初に就職する職場が、今後の仕事の行動規範となる可能性が指摘されています。

（ハロー効果（halo effect））

後光がさすという意味で、実際の価値以上に輝いているように見えるプラスのポジティブ効果と、逆のネガティブ効果があります。何か特徴があるとそれに引っ張られて、全体もよく見えるあるいはそのように判断する効果です。お菓子でも、CMに好感度のタレントを起用、○○賞受賞、素敵なパッケージなどです。有名スポーツ選手を、飲料に使うのもそうです。食に限らず、この他服装や学歴、会社名、職歴によって人への判断が影響を受けることがあります。本来はどんな学歴や職歴であっても、それに影響されることなく、その人自身を判断できればいいのですが、実際はそうでもありません。有名人がスキャンダルを起こすと、逆のハロー効果でCMを降板することが起こります。

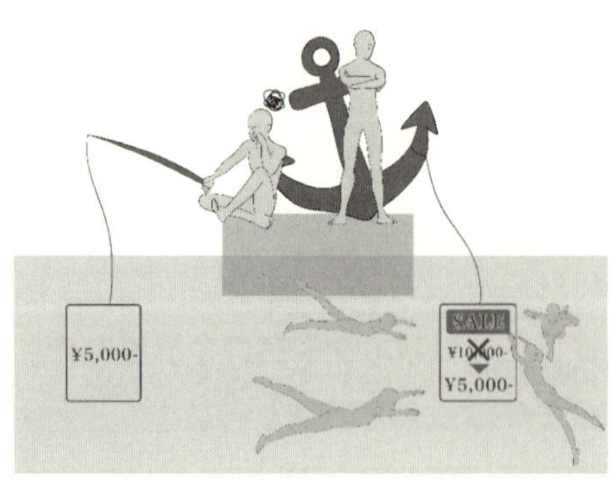

ハロー効果
出典 illust AC

（プロスペクト理論、損失回避性）

リスクに対する評価で、人々あるいは企業は同じ金額でも、マイナスへの負の評価がプラスの評価よりも大きくなることです。たとえば、金額的にはプラス100万円とマイナス100万円で、同じですが、人々は失敗したときのマイナス100万円の負の効用が、成功したときのプラス100万円に対する効用を上回ることが要因です。たとえば起業するときに、成功金額と確率が、100万円と50％、失敗のときはそれぞれ－100万円で確率50％とすると、期待収入は０円（100万円×0.5－100万円×0.5）ですが、人々はこれだと負の効用が大きいので起業しないことになります。

食ビジネスでは味の安定化が必要です。不確実性があると、がっかりすることを嫌って、来店しなくなることになります。新製品では、美味しいか否かはわかりません。このため試食や、新商品お試し価格として多少価格を下げて、顧客にできるだけ損をさせないような工夫が必要です。期間限定で安くする、観光地でここでしか買えない、などはもし買わなければ損になると思わせて有効です。一方企業も損失を避けたがる傾向があって、失敗しないことが評価の対象となり、無難なことしかできない人間が出世して、結果として新規事業ができず、起業マインドがなくなって企業の衰退につながることがあります。

最近の物価高でお菓子などがステルス値上げされています。これは価格を据え置いて、内容量を減らす実質値上げです。価格値上がりが損になるので損失回避性から、明確に嫌われて、売れなくなります。一方価格が据え置かれれば、購入額は減らない可能性があります。もちろん消費者は何気に気がつきます。限界効用と最適消費の理論では、消費者は１円（100円、10円でもいいです）当たりの効用を同じにします。所得が一定で、一斉に値上げされる場合、通常は消費量を減らして、１円当たりの（限界）効用は増やします。内容量減によるステルス値上げは、消費量が自動的に減少しますので、１つの合理的な方法といえます。

(その他　バンドワゴン効果、スノッブ効果、ヴェブレン効果)

バンドワゴン効果は、ある人の消費が他の人へ与える外部性で、流行はこれで多少説明できます、流行によって、それを持っていない人が所有したいと思います。この要因は多くの人が購入している財・サービスはいいものであるという心理です。街で音楽隊（バンド）の後ろについて行っている人がいると、それに加わりたくなることに由来しています。一種の同調心理です。日本人に川を渡らせたいときには、「みんなもそうしています」と言えば渡るという逸話があります。その逸話ではアメリカ人には保険が付いていますと渡るとなっています。「売れ行きNO.1」とかはこの効果と関係します。選挙前の優勢報道から、劣勢でない候補者に投票するのも、この効果になります。一方、スノッブ効果はその逆で、同じものを持ちたくないという心理です。大量販売している店の服はそのようなときがあります。ヴェブレン効果は購入する財サービスが高いと効用が高まるものです。「高価＝価値が高い」と思い込みます。これと関連するのが、「見せびらかし」消費（顕示的消費）です。高額ブランドを購入する理由によく使われます。

6.2.4　食行動を望ましい方向に変化（ナッジ（nudge））

ナッジとは、そっと後押しするという意味です。「人々を、自分自身にとってより良いと思われる選択を強制ではなく自発的に取れるように手助けする手法」です。迷っている場合は、実際に満足が得られるか不明で、そこに購入したときに失敗リスクが発生します。その状態に追加的な情報を入れてあげます。たとえば、服の店員さんが、「服がお似合いです、よい買い物をされましたね」は満足度を上げると同時に失敗リスクを減らすと購入者が思います。観光地限定商品、今だけ割引は、購入しないことの費用（機会費用）が増します。また選択肢が多い場合には、今日のおすすめとか売り上げNO.1とかを示すと、システム2を使わなくてもよいので、効果的です。ただし、本当に自分にとって良いか、帰宅してから冷静に判断する人もいます。

食行動ではナッジが最近注目されています。健康診断や食事指導で、野菜を食べましょう、間食を控えましょうとしても、食習慣を変容させるのは困難で、しかも不健康な人ほど健康に関心がないあるいは自制心がないなどの理由で、食行動が変容しないといわれています。ナッジを用いた無理のない方法は、魅力的（美味しい、低価格、メニュー名）、食べやすく調理が簡単である、みんながそうしているなどです。これは「バンドワゴン効果」でもあります。したがって、健康よりも味や見た目などおいしさを強調するほうが、食選択を自発的に促します。立命館大学における父母教育後援会の支援で始まった100円朝食は、健康に向けたナッジになります。低価格ですぐに食べやすく、友人が一緒にいると、さらに行きやすくなります。

自制心がない人ほど今を重視して、目の前にある食べたいものを欲します。これを現在重視バイアスといいます。長期的にいつかは捕まるかもしれないのに罪を犯す心理はこれで説明できます。このような人々に食行動を変容させるのは困難で、ナッジの登場になります。

塩の過剰摂取の克服と多様でバランスの良い食事の必要性がいわれます。ある病院内のコンビニでは、そのためにヘルシーセットを提供し、ばらばらで購入するよりも安く提供しました。このセットは、主食・主菜・副菜がそろうように弁当類やサラダ、時折ヨーグルトを付けています。また売り上げNO.1とか大好評とかの情報も入れて、同調志向（他の人がしているのなら自分も）を利用しています。この結果、「おにぎりやカップ麺が減少し、弁当類やサラダ、ヨーグルトなどが伸び、店舗の売り上げも増加」（川畑（2021）[6]）したようです。ヘルシーメニューを考えなくてもよく、かつ割安で、強制的ではなく、健康増進につながります。

この他各家庭でできることは、各種調味料を食卓に配置せず、少し遠いところに置くことでも、ナッジになります。海外ではエスカレーターではなく階段を使ってもらうために階段を鍵盤にして使うと音が出る例もあります[7]。

6.3 その他応用

6.3.1 中間業者（卸、商社）の役割

経済学ではその役割に比べて、卸や中間業者はそれほど分析されていません。中間業者は、メーカーや農家と、小売業者の間にいる業者です。商社は中間業者の仕事もしています。ただし、いわゆる大手商社と専門商社では仕事の内容は異なります。大手商社の方が範囲が広く、卸だけでなくさまざま事業を内外で展開し、子会社も多く所有しています。三菱商事は、食関連では、卸である三菱食品とコンビニのローソンを子会社とし、ローソンは三菱食品から仕入れています。同様に伊藤忠商事は伊藤忠食品とファミリーマートを子会社としています。専門商社は、扱っている品目が特定である傾向があります。さらに青果や肉の卸売市場が全国にあります。食を支える重要拠点として、市場が整備されてきました。以下ではこれらを中間業者として説明します。

1つ目の役割は取引コストやその回数の削減です。図6.3.1はこれを示しています。この図ではメーカーは①～④、小売りはa～dの4つずつあるとします。食品メーカー4つの工場と小売4つの店で、個別に取引すると、16回必要ですが、中間業者を介在すると8回で済みます。図では食品メーカーから小売店舗となっていますが、農家からメーカー、農家から小売店でも同様です。飛行機でいえば、ハブ空港の考え方と似ています。世界ではイギリスのヒースロー空港やドイツのフランクフルト空港など大規模ハブ空港があります。日本では羽田や沖縄でみられます。乗り換えは必要ではあるものの、本数が増えた分利便性は増します。

実際、食品製造業は全国で1500社ほどありますので[8]、1社1工場としても、たとえば小売店1000店が個別に注文するとすれば、1000 × 1500 = 150万回必要で、しかも注文単位がかなり小さくなります。これを1社の卸なら、2500回で済みます。これらは数値例ですので、実際とは異な

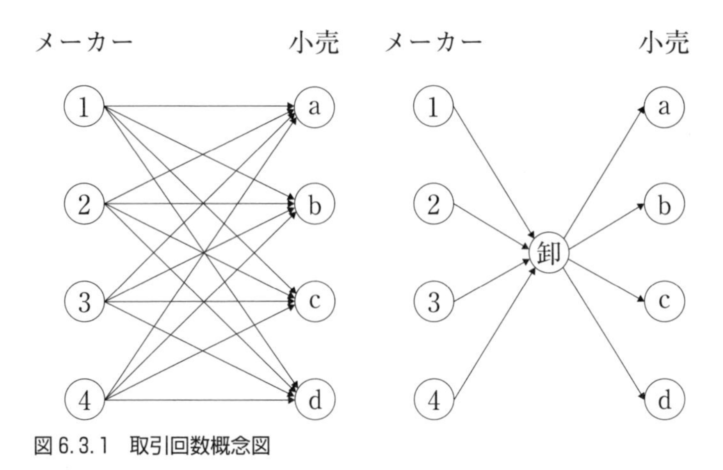

図 6.3.1　取引回数概念図

りますが、取引回数が激減することは間違いなく、物流の効率化あるいは取引費用の減となります。

もう１つの役割は、生産者と末端の小売店の間で、情報が相互に不足しているとき、中間業者は両方を知っている優位性があります。生産者は需要者に対する情報が不足していることがあります。さらにはいいものを作っていても、販売ルートが確立していないと、直接消費者に売るのは限界があります。顧客が海外であればなおさらです。この結果、中間業者が商品開発を行ったり、中間業者が売れ筋と思うものを、メーカーに発注することがあります。中小の日本酒の酒蔵が海外にお酒を売ろうとしても、中間業者がいなければ、どこに相談すればいいかわからず、良いお酒を造っていても、報われません。海外と言っても国によって異なるので、その国の状況を知っている中間業者の役割は大きいです。同じことは輸入業者にもいえます。食品スーパーや小売店は多くの商品を扱っていて、１つ１つの商品について、すべて目利きができるわけでもありません。この点で、専門の卸や商社は選別機能を有しているといわれています。

一方最近は食品スーパーや、食品メーカーでも、中間業者を通さない中抜きといわれる直接取引はなぜ生じるのでしょうか。１つは大量生産大量発注の場合です。契約農家と直接取引をすることで、中間業者を使うと、いったん卸の倉庫に入るなど時間と経費が掛かります。このため、卸売市場を通さなければ、その手数料と経由する時間が省けます。品質管理のために農家に出向いても大量発注ですのでそのコストは補えます。カルビーのジャガイモは契約農家から供給され、宮城県のある農家は27ha（27万m^2）も栽培しています。一方小さな農家で栽培面積が10a（1000m^2）程度なら、1回の出荷量も少なく、大手と契約することは通常はありません。

このようなこともあって近年卸売市場が減少しています。この他通販業者やITの台頭は一部の卸売業を脅かしていることがいわれています。とはいえ、小規模な事業者にとって卸は重要です。食品スーパーでも、すべてが契約農家では限界がありますので、市場からも調達する必要があります。また卸売市場の、需要と供給を価格で調整する「価格形成機能」によって、契約農家との契約価格の参照にはなるでしょう。

なお規模が小さくても高品質の野菜などを作り、卸を通さず直接契約レストランに送る場合もあります。この場合は大量送付ではないので輸送コストが相対的にかかりますが、高付加価値ですので何とかなります。通販で農家から個人が直接仕入れることは可能ですが、小取引ですので、送料が割高になります。1つの段ボールに入る野菜は少なく、それでも送料は、1000円以上はかかります。また農家側では、農協にまとめて出荷するのと比べて、出荷の手間がかかります。また品質管理と適正価格の問題があります。地産地消にはこのような問題があります。

6.3.2 フランチャイズ契約

フランチャイズの身近な事例ではコンビニがあります。ほとんどのコンビニは直営店ではなくフランチャイズ店で、店長つまり地域の経営者がいます。各経営者は、商標権を使用し、商品供給やコンビニ社員によるコンサルタントの支援を受け、少ない資金で開業できる代わりに、コンビニ側に一定の金額（ロイヤルティー）を支払います。土地を自己保有していると、この金額は減ります。経営者側は、起業による撤退リスクが減ると同時に開業資金も少なくなります。一方コンビニ側は、撤退時の赤字を経営者側と共有して減らせるだけでなく、店舗展開が容易になります。経営者は複数の店舗の店長を兼ねるときもあります。店舗のアルバイトは、コンビニではなく店長が雇います。コンビニの社員は、10軒程度の店舗の管理運営を行います。この他コンビニ側は商品の調達、開発も行います。

この要因には以下が考えられます。

①管理統治費用

組織が大きくなってくると、決定量や決定項目が多く、組織としては限界があります。そこで分社化や事業制にする方法があります。フランチャイズは一種の分社化で、1店舗の管理運営を他者に完全ではないけれども任せることになります。

②社員と店長のインセンティブ

フランチャイズ方式では、努力した分の功績が、経営者の収入に反映するのは明白です。社員が経営すると、分社化しないとその功績と給与分の関係が不明朗で、その意味では社員でない方が明確です。ただし、フランチャイズでは商品や商号を使えますので、その分努力しなくてもなんとか維持でき、結果コンビニ側の売り上げが潜在能力よりも落ちることがあります。かといって、ロイヤルティーを高くすると、経営者の予想収益が下がって、応募しなくなります。この問題は経済学や経営学ではエージェンシー問題といわれるもので、後の信頼の項で詳しく説明します。

この他、人々のどこでどのように働きたいかも関連します。店長なら地域密着で地元あるいは気に入った場所で働きたい希望を満たせます。一方コンビニの社員は、全国展開が可能で、地域内でも転勤があります。また職種はコンビニの方が、さまざまな種類の店舗展開や企画も含め、広い領域をカバーします。

③リスク分散・低減、地域情報

コンビニでは、一種の共同経営的な側面がありますので、失敗したときの損失を共同で被ります。ただし利益も共同ですので、コストは減少する代わりにベネフィット（利益）も減少します。コンビニ側は、それでもコンビニ単独でも経営しないのは、上記の理由の他、地域の情報や好みをよく知っていて、コンビニ側は地域の人に任せる方が良いと判断している可能性があります。

この他東京ディズニーランドは、アメリカディズニーの子会社ではなく、オリエンタルランドが経営しています。アジアで最初のディズニーランドを作るにはリスク、つまりアジア人に受け入れてもらえない可能性があったので、ディズニーのキャラクターなどを使用許諾する代わりに、売り上げに対してディズニーがロイヤリティーを受け取るというフランチャイズ契約を結びました。東京ディズニーランドは、ディズニー側がアジアや日本のことをよく知らないことから、リスク低減に該当します。

6.3.3　信頼

経済学には信頼の経済学があります。確立された分野として存在している訳ではありませんが、ここでは経済発展の歴史、政府との関係、食やブランドなどと関連づけて説明します。

さて分業自体は自分でなく人に任せるので、信頼しないとできません。昔は対面で相互の信頼関係で売買していました。最近は通販のように一度も会ったことがない企業から、あるいはメルカリなら知らない個人にお金を払って購入します。食品スーパーでは、対面販売ではなく、購入しています。一般的には、信頼が確立している経済や社会ほど、取引がスムーズで費用が掛かりません。最近通販では一部置き配が可能になってきています。これによって再配達の手間が省けますので、物流コストの費用減と、配達される側は待つ時間や再配達手続きが不要になります。しかし置き引きなどの犯罪が多い地域や社会では、これは不可能です。

今のIT社会では、パスワードの管理や外部から社内へのネットワークへの侵入者を防ぐ必要があります。このために二重認証やその他手間がかかります。通常の家の防犯も、国によっては鉄格子や高級住宅では地域でガードマンを雇っていることがあります。さらには隣の国が信用できず、いつ侵攻されるかわからない状況では、軍隊あるいは国防は必要です。ウクライナとロシアの戦争が始まる前は、先進国では軍事費は抑え気味でしたが、その流れは再び逆になっています。

政府への信頼度の国際比較では、日本は低くなって、北欧は高くなっています。北欧は税金負担率が高いものの、それが維持されているのは、政府への信頼度が高いことが背景にあると考えられます。日本では増税は反射的に反対意見がでてきますが、それによって、政府サービスが充実するのであれば、悪い話ではなくなります。政府への信頼度が実態以上に低くなると、国民自身は不幸になります。日本では批判は自由にできますが、問題は政府がなぜ増税しようとしているのか、その理由まで遡って、それが正しいか否かを検証する議論がなかなか進んでいません。

もちろん政府やその関係者は信頼を得ることができるように、国民に向けて説明責任を果たす必要があります。これは理想ですが、国民にわかりやすく説明する過程を繰り返すことで、自らを律することにつながり、政策能力や議員の立法能力が高まるでしょう。

さて食との関係はどうなるのでしょうか。食は人の命に関わることから、安心安全、そして信頼は欠かせません。国によっては自国民同士で信用できず、疑心暗鬼になって、食品売り場で、調理場面を見せていることもあり

出典：illust AC

ます。日本ではかつて、水俣病やカネミ油症事件などの、痛ましい事故があり、その後対策が取られています。近年ではBSE（牛海綿状脳症）が発生し、牛肉の輸入が制限されました。

外食、食品、業者間取引、にしてもすべて信頼に成り立っています。これらは何度も取引を繰り返すことで、さらに強くなっていきます。長い時間をかけて、裏切られない経験の上に成り立っています。さらにブランドは信頼を超えてファンになっているような状態です。最近注目されている食の地域ブランドはその代表例です。ただし、消費者が誤解をしていて、常に海外産よりも国産品が安全である、国産の方がおいしいわけでもないことは留意すべきです。このようなバイアスは時々、消費者潜在意識を利用したCMが国産品を強調するなど、強化されることがあります。企業倫理の観点からは、これらはどうかと思います。

信頼との関係で、エージェンシー問題があります。プリンシパル・エージェント問題（Principal－Agent Problem）といって、本人（プリンシパル：Principal）と代理人（エージェント：Agent）との間で発生するさまざまな利害対立のことを指します。実はこれは広範に見られる問題です。政治でいえば、本人が国民で、代理人は国民が選んだ政治家や行政で、代理人が国民のためではなく自己の利益（政治家は自分の権力や当選、行政は予算獲得や昇進）を考えると、信頼を損ねることになります。ただし政治が複雑なのは、ある政策は一部の国民には有利であるが、他はそうでないこともあり、さらに何が国民の利益になるか不明であることが多いです。結局総合的に信頼して任せてよいかを判断するしかありません。この他、家の建築や、車や電気製品の修理依頼、など無数にあります。このためには、監視をするか、依頼された代理人が本人のためにする動機付けの仕組みが必要です。一方で相互の信頼関係があれば、監視コストは低く済みます。

6.3.4　食品安全とビジネス、消費者の心得 ——トランス脂肪酸を事例に

食品安全とビジネス、消費者の心得に関する事例として、マーガリンなどに含まれるトランス脂肪酸を取り上げます。トランス脂肪酸は、脂肪を構成する脂肪酸で、不飽和脂肪酸の一種です[9]。トランス脂肪酸は、ほとんどが、油脂の加工・精製でできるものでこの油脂を原料とするマーガリンやパンなどに含まれます。トランス脂肪酸の副作用として、悪玉コレステロール（LDL）を上昇させ、さらに善玉コレステロール（HDL）を減少させる働きがあります。また、多大な摂取により動脈硬化などによる心臓病のリスクを高めます。

現在アメリカでは使用禁止ですが日本ではそうではありません。WHOによると、心臓病などの発症に影響を及ぼさないトランス脂肪酸の摂取量は、総エネルギー摂取量の１％未満です。アメリカ人の平均摂取量は２％に対し、日本人は0.3％～0.6％と低い（グラフ6.3.2上）のが、アメリカでは禁止され、日本では規制しない理由です[10]。アメリカでは心臓病が死因ではトップでその規制の必要性が高いです。

この結果「大多数の日本国民のトランス脂肪酸の摂取量は、WHOの目標を下回っています。脂質に偏った食事をしている人は、留意する必要がありますが、通常の食生活では、健康への影響は小さいと考えられます。」と、食品安全委員会は結論付けています。なお平均が低くても、１％を超える日本人がいるのではと思われますが、同委員会の資料では、１％を超える摂取量の人はほとんどおらず、その必要性はごく一部の稀な人になります。グラフ6.3.2の下はこのことを示しています。95％というのは、下から多い順に並べて95番目になる人（100人いれば上から５番目の人）の摂取量です。

アメリカでは禁止されていますが、日本では禁止されていないので、人々は不安になります。この要因だけかは不明ですが、実際マーガリンの

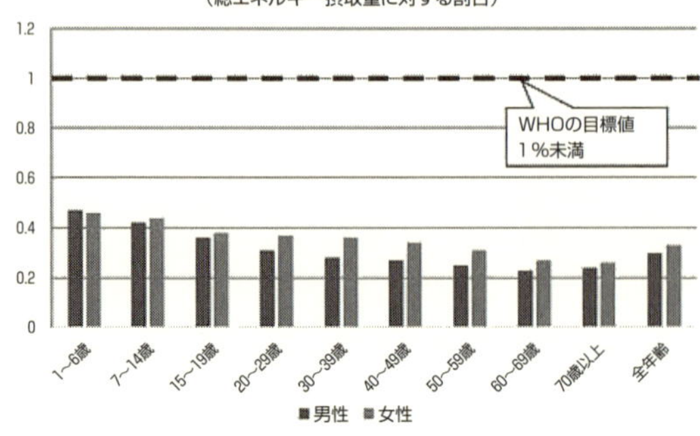

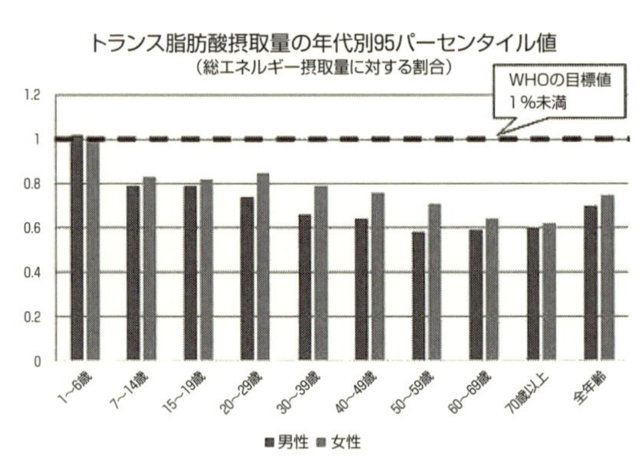

グラフ6.3.2　年代別トランス脂肪酸摂取量（上）と多い人（95％）の摂取量（下）

出典：食品安全委員会の20年を振り返る　第1回　トランス脂肪酸〜リスク評価の意味を知ってほしい〜　食品安全委員会

売り上げは減少しています。現在は、日本の事業者の努力もあって、トランス脂肪酸は減少し、今やマーガリンは、バターよりも少ない水準にまで減少しています。これは、安心＝科学的な安全、ではない例になります。とはいえ、トランス脂肪酸のうち人工的なものは減らせるのなら減らした方がよいので、その点では改善されたといえます。

この問題は食品安全規制やリスクコミュニケーションの課題を示します。日本人では通常の食生活では影響が少ないものの、多くの企業が削減に取り組み、企業のHPで、その努力や油脂の安全性を公表しています。日本人と外国人で、リスクが異なることは、良く知られていないことです。一方、同じ食品安全委員会資料によれば、飽和脂肪酸を摂り過ぎると、トランス脂肪酸と同じように冠動脈疾患リスクを上げます。しかも飽和脂肪酸の目標量は成人で7％以下なのに対し、日本人の摂取平均値は総エネルギー量の6.9％とほぼ目標値に平均があります。つまり半数近くが飽和脂肪酸の目標量7％を超え、超えた半数の人が飽和脂肪酸の摂取を控えるべきであることになります[11]。

結局のところ農林水産省の以下の考えが有効と思われます[12]。

①食塩や脂質を控えめにし、いろいろな食品をバランスよく食べるという食生活指針の基本を守れば、トランス脂肪酸によって心臓病のリスクが高まる可能性は低い。

②健やかな食生活を送るためには、トランス脂肪酸という食品中の一成分だけに着目するのではなく、現状において日本人がとりすぎの傾向にあり、生活習慣病のリスクを高めることが指摘されている脂質そのものや塩分を控えることを優先すべきである。

課題はこのようなことを国民が共有しておらず、トランス脂肪酸の結果から、「日本の政府よりも、アメリカの方が信頼できる」となると、日本の食の安全政策の信頼が損なわれます。さらに今のネット世界では、玉石混交で、セレクトされた信用度の高いものが、主流となるわけでもなく、またyoutubeのように見る人が選んでくれそうなものが見られて、結果社会に真に貢献する情報が広がらないことがあります。

政府の食の安全政策は、まずは現状の食生活のリスク評価を実施し、社会全体として、優先度の高いことは何かを明示し、今回のような優先順位の低いことに対し、企業が対応しないようにするようにすることが責務であると考えます。企業は消費者が購入してくれないのであれば、消費者に寄り添うしかありません[13]。CMは企業の利益になることが優勢されがちですので、政府も戦略的にテレビやネット広報活動を推し進め、消費者の理解を高めること、つまり一種のリスクコミュニケーションが、公益の推進になります。

注

1　著者ははじめに書きましたように外食関連の会社を起業しました。この節は著者の経験が反映されています。

2　多様性は第8章8.3.2で詳しく説明します。

3　多い人から数えても少ない人から数えても同じ順番の人の値。たとえば11人を身長順に並べたとき、中央値は6番目の人の身長になります。所得や預金の平均では大金持ちの人が平均を引き上げているので、中央値の値で、普通の値を見ることがあります。

4　これより収入＝費用、すなわち、600x = 240000（= 45000+15000+120000+60000）+ 200x、つまり400x = 240000、したがってx = 600となります。

5　筆者はアマチュア将棋初段です。最初の手が4つあったとして、その手に対し相手の差し手がそれぞれ3つとすると、それだけで12あります。それに対し自分の手が3つあると、36・・・・と無限に差し手の結果は広がっています。ソフトはこれが容易にでき、そこから最善手を選んでいきます。

6　川畑輝子他（2021）、医療施設内コンビニエンスストアにおけるナッジを活用した食環境整備の試み、フードシステム研究、27（4）、226－231。

7　厚生労働省：e-ヘルスネット

8　農林水産省：食品製造業をめぐる情勢

9　液体の油（コーン油や大豆油など）と固定の油（肉の脂身など）を合わせて油脂と言います。さらに油脂は、脂肪酸とグリセリンから構成されます。脂肪とコレステロールを合わせて、三大栄養素の1つの脂質と呼ばれます。他の2つは炭水化物とタンパク質です。

10　食品安全委員会：食品に含まれるトランス脂肪酸の食品健康影響評価について、あるいは、農林水産省トランス脂肪酸に関する情報、すぐにわかるトランス脂肪酸

11　同委員会の資料では、トランス脂肪酸を減らすことによって、皮肉なことに飽和脂肪酸が増えた時期があったとしています。

12　農林水産省：トランス脂肪酸に関する情報、すぐにわかるトランス脂肪酸

13　実際、最近のマーガリンの製品には、トランス脂肪酸使用量比率を記載するかトランス脂肪酸不使用とあることが多いです。

第7章

マクロ経済と食経済

キーワード

名目と実質
●
所得・分配・支出の三面等価
●
所得の不平等度
●
財政赤字の国際比較
●
生産性と経済成長
●
コロナと食産業
●
円安と交易条件
●
食消費と調理行動
●
資源・食料価格上昇
●
食の各部門の生産性

この章で学ぶこと

第2章2.1でのGDPの概要を踏まえて、本章では、マクロ経済及び日本経済の課題と食のマクロ経済との関係、そして食産業をマクロ的に概観します。

はじめに日本のGDPデフレーター、名目と実質、GDPの生産（付加価値）、分配（所得）、支出（需要）を、諸外国と比較しながら説明します。労働分配率、所得格差（ジニ係数）は、他の先進国と比べて高くも低くもありません。

次に日本の財政、財政赤字の国際比較、生産性と成長率の課題を学習します。主要国では赤字国債のGDP比率がダントツで高く、将来財政破綻の可能性があることがわかります。

食産業も日本のマクロ経済の影響を受けます。そのことを、最近のコロナや資源・食料価格上昇、円安による食や各部門への影響をグラフで考えます。食製造、流通、外食の、1人当たりの付加価値、部門別の企業規模を、全体と比較し、食の各部門付加価値創造を考えます。

7.1 GDPの諸概念、名目と実質、三面等価

7.1.1 GDPの推移

第2章では、最近の名目と実質のGDP成長率を示していました。グラフ7.1.1は、日本の名目と実質GDPの1980年からの長期間の推移です。基準年は2015年です。名目GDPは、1996年からは減少気味で、2008年には一気に落ち込みました。これはリーマンショックという世界的な不況によるものです。そこから増加して、再び2020年からはコロナによって下がり再び増加しています。これに対し実質では1996年以後もリーマンショックやコロナを除いては比較的安定的に増加しています。なお、コロナ以後を除いた1995年～2019年までの名目の成長率は平均で0.37％、実質は名目より高く、平均で0.87％でした。この間、物価上昇率はマイナスで、この結果、実質の成長率が名目成長率よりも高くなる現象が続いていたことになります。

グラフ7.1.2はGDPベースの物価指数であるGDPデフレーターです。消費者が直面する消費者物価指数と企業間取引の企業物価指数の両方の要素が入っている指数です。このグラフからは、1991年から2012年の長期間、物価が下がり続けていたことがわかります。その後は上昇し、2023年は円安と資源や食料価格の高騰で上昇し、この上昇は過去数十年ではまれであることがわかります。

物価の大幅な変動は、価格と価値の関係を不明確にし、見えない取引コストが上昇します。ただし一般的には2％程度のマイルドな上昇は望ましいといわれています。これには賃金や取引価格の価格の下方硬直性があります[1]。たとえば生活保護費を物価に連動して下げることは規則に沿っているものの反発がありました。一方対消費者も企業の値上げが物価安定に慣れている消費者の需要の大幅減になることがあります。物価の上昇に慣れてくると、価格の改定（上昇）は受け入れやすくなります。

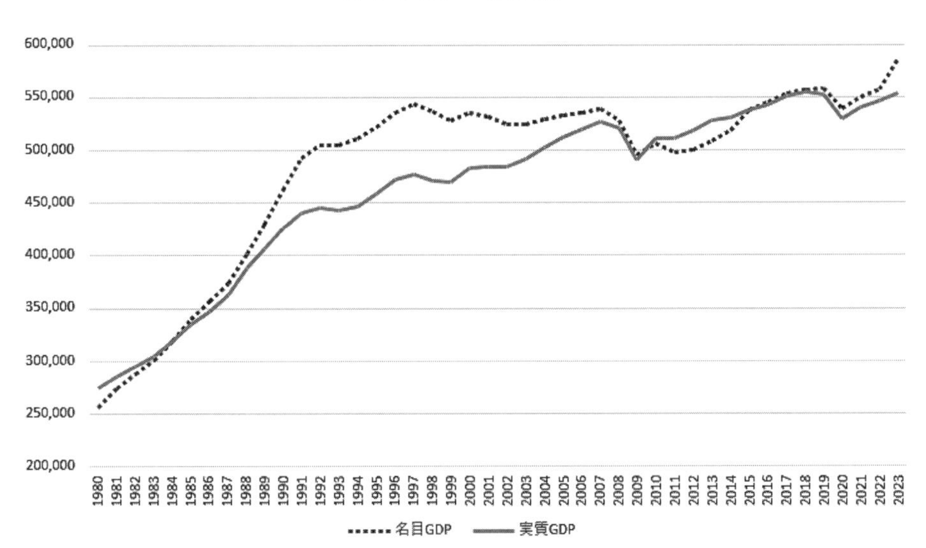

グラフ 7.1.1　日本の名目と実質の GDP の推移
出典：内閣府国民経済計算（GDP 統計）より筆者作成　600000 ＝ 600 兆円

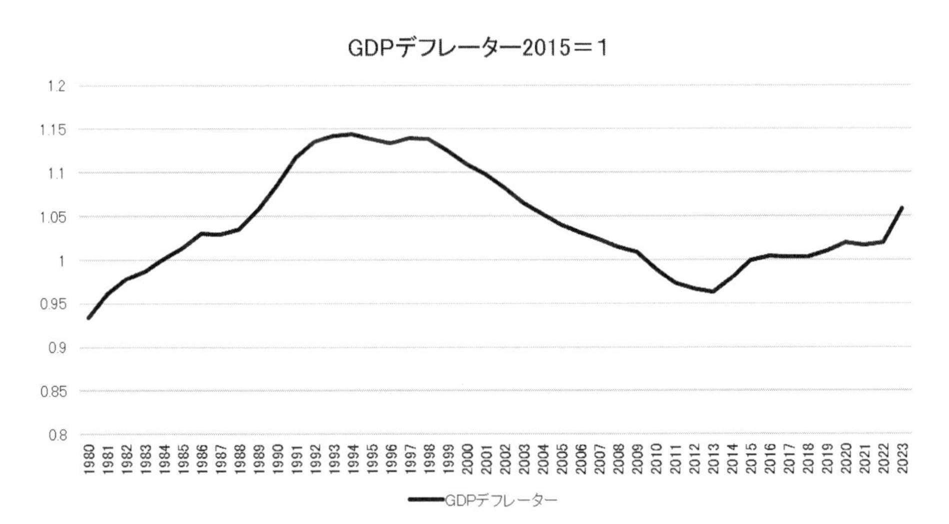

グラフ 7.1.2　日本の物価指数（GDP デフレーター　2015 年＝ 1）
出典：内閣府国民経済計算（GDP 統計）より筆者作成

つまり、マイルドな物価上昇は、価格の変動を行いやすくなって、需給や企業業績に見合った価格（賃金含む）設定をしやすくなります。この他賃金の上昇は、家計に実質上昇がゼロでも、賃金が上がったように錯覚し購買意欲を引き出し、景気やGDPの増加につながることがあります。日銀の２％物価上昇目標はこのことが背景にあります。ただし価格や賃金決定は、各家計や企業の行動の結果で、長期間２％を達成できず、近年の物価上昇もきっかけが外的な要因であることから、国内の金融緩和では無理があり、それに拘って金融緩和をし続けるのは本末転倒でしょう。

7.1.2　GDP生産（付加価値）面

グラフ7.1.3はGDPの生産面、つまり付加価値の産業別構成比の国際比較です。中国の鉱業比率は大きいですが、これには製造業が含まれています。中国は世界の工場ともわれていて、そのことを反映しています。インド、インドネシア、中国は、農林水産業の比率が比較的大きく、１人当たりGDPと反比例していることがわかります。ロシア、インドネシア、オーストラリアは、鉱業、エネルギー業（石油、天然ガスなど）比率が大きく、韓国は製造業比率が大きくサムソンなどのイメージと合っています。アメリカとイギリスは、金融保険などの比率が大きくて、製造業比率が小さく、両国は似たような構造です、日本はドイツと同様な構造です。少しわかりづらいですが、先進国の中では、フランスとオーストラリアは農業大国で、農林水産業比率が少し高くなっています。

この構成比は地域経済を知るうえで役に立ちます。表7.1.4は沖縄県と滋賀県の構成比です。なお、宿泊飲食以外の少ない比率の産業はその他サービスでまとめています。沖縄県の製造業はわずか4.3％、一方公務員が9.7％、建設業が11.2％、教育が5.9％と高くなっています。観光業が盛んで宿泊・飲食サービスが多いと想像できますが、2.6％と全国より多少高い程度です。滋賀県はこれに対し製造業が44％ととても多く、静

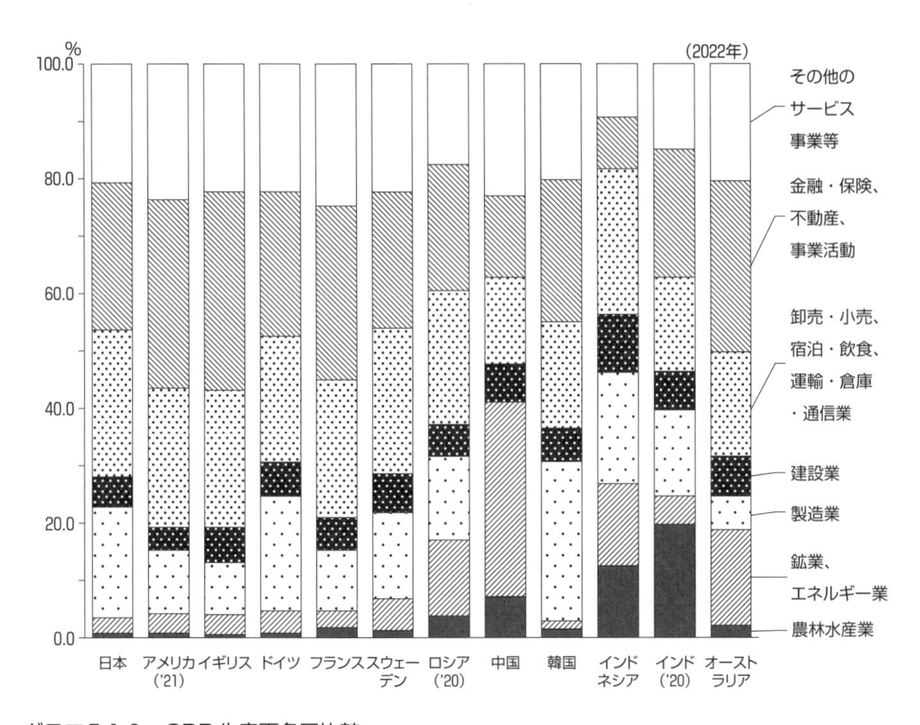

グラフ7.1.3　GDP 生産面各国比較
出典：データブック国際労働比較 2024、1－2 経済活動別国内総生産より転載

表7.1.4　沖縄県と滋賀県のGDP 構成比の比較（令和３年）

	農林水産業	製造業	建設業	電気ガス等	卸・小売り	宿泊・飲食サービス	不動産	公務	教育	保険衛生社会事業	その他サービスなど
沖縄県	1,1	4.3	11.2	4.0	9.2	2.6	12.7	9.7	5.9	12.6	27.6
滋賀県	0.5	44.0	4.7	3.5	6.3	1.1	9.4	3.2	3.6	7.6	16.1
全国	1.0	20.2	5.7	3.2	12.8	1.7	12.3	5.2	3.6	8.2	26.1

出典：沖縄県令和３年度県民経済計算からみた県経済の動き、滋賀県：滋賀県民経済計算主要系列表より筆者作成

岡県と同様に工場が多く立地しています。宿泊飲食サービスは全国よりも低く、琵琶湖があるもののそこまでも観光地でないことがわかります。なお一般的には建設業や公務比率が高い地域は経済活動が活性していない傾

向があります。各都道府県にはこのようなデータや表があります。自分の住んでいるところを確認してみましょう。

7.1.3　GDP 分配面

GDP の分配面あるいは所得面は、上の付加価値を生み出した所得が、誰にどの程度配分されているかを把握するものです。大きく分けて、企業側と労働者側に区分され、さらに企業側は、企業所得と固定資本減耗[2]に分かれます。固定資本減耗とは、現状の経済活動を維持するために積み立てる資金です。企業は設備や工場の建物を、一定の期間使用すると更新する必要があります。この更新に備えた資金の積み立てです。政府なら、道路や橋が古くなると更新しますのでそのための更新資金です。たとえば企業の付加価値が 10 億円あったとします。このうち、5 億円を労働者に支払い、2 億円を固定資本減耗として積み立てると、残りの 3 億円は課税対象の企業の利益（企業所得）となります[3]。この 3 億円は法人税の対象になり、一定割合を国に支払います。法人税率を企業利益の 1/3 の 1 億円とすると、固定資本減耗の 2 億円と税引き後の利益の 2 億円の計 4 億円が企業の預金となります。結局企業側からすると、固定資本減耗は非課税、残りの利益は課税対象となり、同じ預金でも税金の対象か否かになります。

グラフ 7.1.5 は、GDP の分配面です。雇用者報酬が最も大きな割合を占めて、その次に大きいのが固定資本減耗、企業所得、財産所得の順になっています。財産所得は個人の利子・配当・賃貸料収入などです。固定資本減耗が GDP の 1/4 も占めていることがわかります。なお自営業の収益は雇用者ではなく企業所得に入ります。

企業は、労働者にどの程度の賃金を払うべきか、企業の取り分をどの程度にするかを決定します。良い人材を集めるには相応の賃金を提示しなければなりませんが、あまり高くすると、会社側の収入や設備投資の資金が減少し、何か急なリスク対応時の資金も減り、株価が低迷して資金調達に

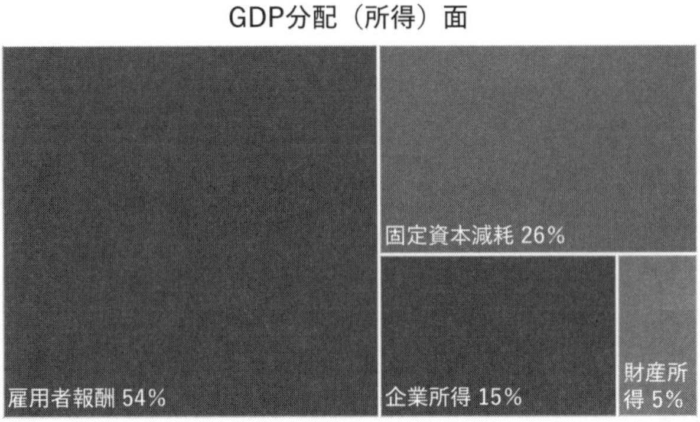

GDP分配（所得）面

雇用者報酬 54%
固定資本減耗 26%
企業所得 15%
財産所得 5%

グラフ 7.1.5　GDP 分配面（2021 年）
出典：内閣府国民経済計算（GDP 統計）より筆者作成

苦労して、結局労働者の利益にはなりません。一方、業界ごとの賃金相場がありますので、それよりも低いと良い人材が集まりません。うまく経営をしている企業は、高めの賃金、つまり高コストと会社の高収益を両立できるところになります。

グラフ 7.1.6 は、日本の労働分配率（雇用者報酬 /GDP）の推移です。減少傾向が続いていましたが。最近は増加傾向にあります。とはいえ、1 年で１％程度の増減で、長期的にも 49 ％から 53 ％の間に入っています。コロナ発生時（2020 年）やリーマンショック（2008 年）の大きな不況期は、分配率が上がっています。企業側は雇用者に不安を与えないように、企業側の収益を減らしてでも賃金を維持しようとしていることがわかります。表 7.1.7 はこのことを示しています。特に 2020 年は、その比率が 4.2 倍まで上昇し、企業所得を減らす代わりに雇用者報酬を維持しようとしていることがわかります。

先進国の分配率は、概ね 46 ％～ 53 ％の範囲にあります。この結果日本は、他の先進国と比べて、2015 年はやや低い方に、最近の日本はやや高めになっています[4]。なお、最近の物価上昇によって、実質の雇用者報酬は 2.3 ％（2019 − 2023）減少しています。

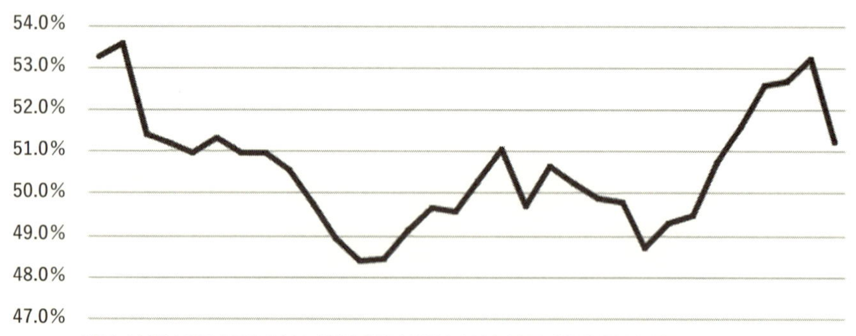

グラフ7.1.6　日本の労働分配率の推移
出典：内閣府国民経済計算（GDP統計）より筆者作成

表7.1.7　雇用者報酬と企業所得（兆円、名目）比率＝雇用者報酬／企業所得

	2018	2019	2020	2021	2022
雇用者報酬	282	288	284	290	296
企業所得	94	89	67	79	82
比率	3.0	3.2	4.2	3.7	3.6

出典：内閣府国民経済計算（GDP統計）国民経済計算年次推計より筆者作成

分配に関して、所得の不平等あるいは所得格差の問題があります。一般的には発展途上国の方が所得格差は大きいです。大きいと犯罪などの社会不安の要因になります。この指標としては、ジニ係数がよく知られています。完全平等であれば、0になり、完全不平等、つまり1人の人がすべての所得を獲得、であれば1になります。グラフ7.1.8は近年の日本の推移です。上は再分配前の当初所得、下は再分配後のジニ係数です。再分配所得は、税を引いたものと、年金などの所得を入れたものです。当初所得は、高齢世帯は働いていない世帯が多いのと税引き前なので、どうしてもジニ係数は高くなります。働いている世帯から徴収した税金や社会保険料を、高齢者や生活保護世帯へ移転させますので、移転後の所得分布は、より平等となります。

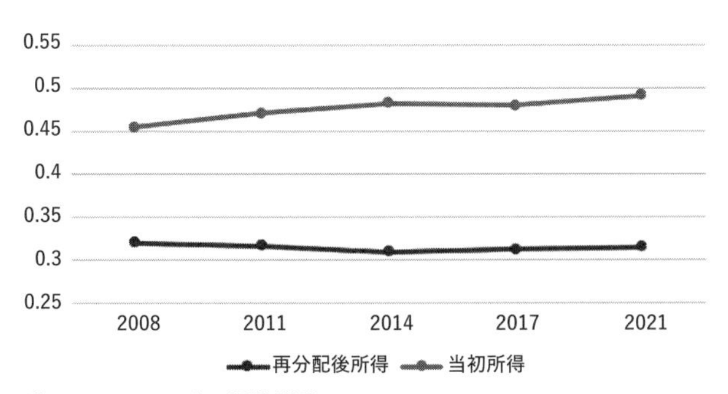

グラフ7.1.8　ジニ係数推移
出典：e－Stat 世帯員の年齢階級別ジニ係数（等価所得）より筆者作成

当初所得の係数が年々増えています。高齢者層の所得不平等度は勤労者よりも高いです。このため高齢化によってジニ係数は高くなることが要因です。しかし、再分配後所得のジニ係数はあまり変化がありません。つまり実質の所得の不平等度は変化していないことになります。一方資産（各種債券・株・不動産）の格差の方は所得よりも大きいです。世界において、上位１％の富裕層が世界全体の資産の 38 ％を占め、下位半分 50 ％の資産は全体のわずか２％でした[5]。資産がたとえば、10 億円あると、それを仮に５％で運用すると、毎年働かなくても 5000 万円が入ってきます。これが富が富を生んでいくメカニズムです。

7.1.4　GDP 支出（需要）面

グラフ 7.1.9 は、日本の GDP の支出面です。消費がほぼ半分強で、政府は公的投資を含めると約 1/4 です。民間投資は 17 ％を占め、残りが住宅（投資）です。民間投資は、建設、設備投資の他、最近は IT 関連（ソフトウエア含む）が伸びています。政府は中央政府と、地方の都道府県と市町村を含み、教育、警察、消防、衛生などです。公的投資は、道路、橋、上下水道などのインフラ整備やその維持になります。最も大きな消費の対 GDP 比率は、国際的には OECD 諸国の平均よりもやや少ない程度です

このグラフでは省略していますが、実際はここに輸出と輸入が入ってきます。考え方としては、総供給（＝国内供給＋海外供給）＝総需要（＝国内需

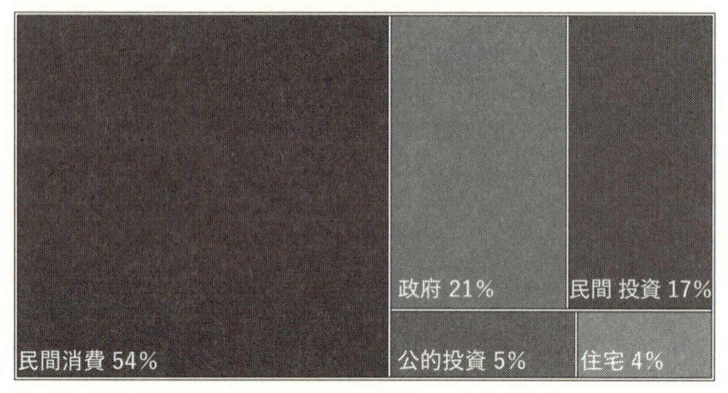

グラフ7.1.9
出典：内閣府国民経済計算（GDP 統計）より筆者作成（2023 年度）
純輸出は値が小さく（－１%）省略しています。

要＋海外需要）となります。海外供給は輸入、海外需要は輸出、国内供給はGDP です。内需は消費、投資、政府を合計したものになります。結局

GDP ＋輸入＝内需（消費＋投資＋政府）＋輸出

の式が成立します[6]。この式は

GDP ＝内需（消費＋投資＋政府）＋純輸出（＝輸出－輸入）

とする場合もあります。この式から、輸出はGDP を増加し、輸入は逆になる傾向になることがわかります。2023 年は輸入が 138 兆円、輸出が 132 兆円で[7]、この年の GDP は 593 兆円（名目）を考えるとかなりの大きさになります。輸出 /GDP、輸入 /GDP を、それぞれ輸出貿易依存度、輸入貿易依存度といいます。値はそれぞれ、22 %と 23 %で年々大きくなっています。この貿易依存度は世界各国も長期間年々上昇しています。貿易依存度は、国の経済規模や周辺国との距離があればあるほど、小さくなります。このようなことから、日本の依存度は世界の中では低めです。

7.2 日本経済の課題を考える

7.2.1　日本の財政

グラフ 7.2.1 は日本政府の 2024 年度の予算、つまり政府の支出計画です。社会保障は年金、介護、医療などです。高齢化によって年々膨らんでいます。地方交付税は、都道府県への移転支出です。財政が豊かな稀な自治体（多くは首都圏）は交付対象ではなく、自己財源が乏しい多くの自治体に交付されます。国債費は過去の国債が満期を迎えたときの償還費と利払いです[8]。社会保障は年金などの移転支払いになります。そして残りの 25 ％強が、国が直接支出する政府の公共サービスの支出になります。移転支払いは、個人や企業が年金などを負担し、高齢者が受け取って消費に当てます。その意味で所得の移転となります。公共サービスは政府が支出しますので、所得移転ではなく、公共サービスを国民が直接享受します。

グラフ 7.2.2 は歳入予算です。所得税は個人所得、法人税は企業や自営業者の収益からの税金です。その他税収には、たばこ、お酒、自動車からの税金があります。項目として１番大きいのが借金にあたる国債です。税収では消費税が大きな税収になっています。

グラフ 7.2.3 は、1975 年からの長期の、歳出、税収、国債発行額の年ごとの推移です。税収は 1990 年から 2020 年まで減少していることがわかります。この一因はグラフ 7.1.2（193 頁）にあるように物価の下落です。デフレになると税収は物価の下落率以上に減る構造になっています。デフレによる減収を避けるために、増税をするのは政治的に国民の反発を招きます。行動経済学での一種の損失回避です。逆に前に述べたようにインフレによる（見えない）増税は国民の反発を招きません。一方歳出は伸びて、リーマンショックやコロナの不況期には、かなり伸びています。特にコロナ発生時の 2020 年は、一時的に 1.5 倍になって、その後 2024 年には 112.6 兆円と、元に戻りつつあります。

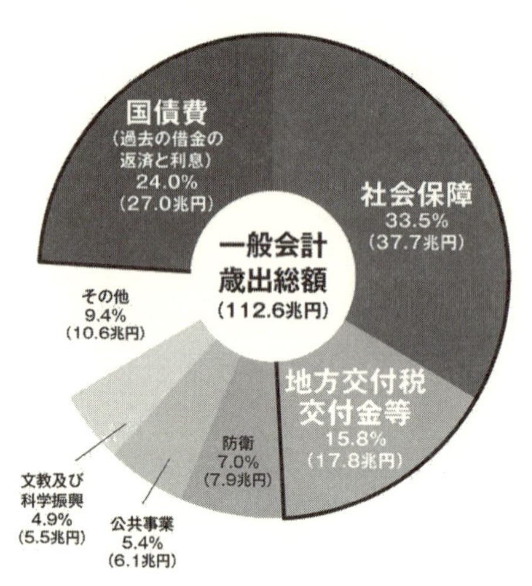

グラフ 7.2.1　政府歳出予算（2024 年度）
出典：財務省これからの日本のために日本の財政を考える　令和 6 年

この税収と歳出の差を埋めたのが、国の借金である国債です。グラフ 7.2.3 の棒グラフは年間国債発行額の推移です。コロナのときは 100 兆円を超えていました。未曽有のことなのでやむを得ない面がありますが、大盤振る舞いの可能性があります。問題はそれ以外の平常時にもかなりの借金を毎年している構造です。

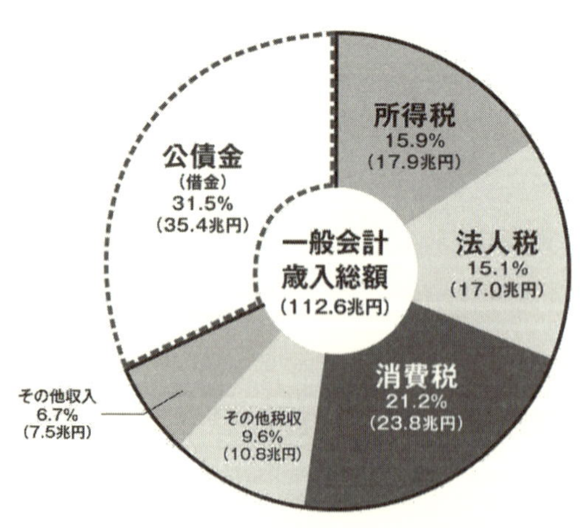

グラフ 7.2.2　政府歳入予算（2024 年度）
出典：財務省これからの日本のために日本の財政を考える　令和 6 年

さらに問題なのは金利と元本支払いの根拠です。住宅や道路、設備投資などは借金をしてもその便益は長続きしますので、住宅でいえば金利と元本支払いは、家賃を払っていると解釈できます。ところが通常の国債の借金は長期間便益をもたらすわけでもありません。本来は赤字国債で景気を刺激して、成長が短期的に回復すると、そのときに国債を返済することになっていて、恒常的に国債を発行して増やし続けることにはなりません。

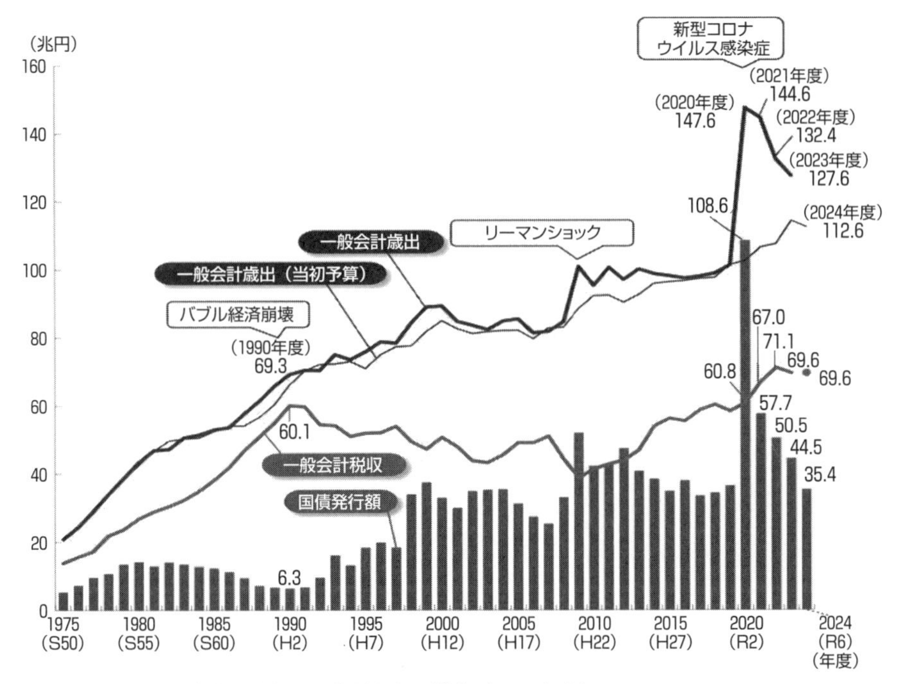

グラフ7.2.3　政府歳出、税収、国債発行額の推移（2024年度）
出典：財務省これからの日本のために日本の財政を考える　令和６年より転載

近年の日本の超低金利政策に関し、コロナやリーマンショックのときの超低金利は海外でも見られる現象ですが、通常期も低金利は普通はありません。海外でもないことを日本は長期間実施していて、この低成長とその低金利の結果の円安を考えると、とても成功とはいえないでしょう[9]。

通常、金融緩和のようなマクロ政策は、コロナ時のように需要が供給より少ない需要不足で潜在供給能力に余力[10]があるときに、一時的に需要を増やす効果はあっても、長期の経済成長率を上昇させる力はありません。マクロ政策は、経済の安定化に貢献するのが、経済学では一般的です。ましてや金利が既に低いときは、この効果は期待できません。つまり、一定の金利があれば、不況になれば、金利を下げて投資を盛んにしてGDPの下落幅を小さくし、景気がいいときに金利を上げて、過度な経済成長を安定化させます。日本でバブルのとき（1980年代後半）は実力以上に景気が過熱して不動産価格や株価が高騰し、その反動がありました。超低金利は、このような経済の安定機能が使えないだけでなく、投資の質の低下や生産性の低い企業の延命化につながります。また、現時点で民間投資が低金利でどこまで増えたかは、確かめられていません。また円安によるデフレ効果（需要が海外に流れて不況）もあります。さらに低金利とセットの大きな国債残高は、人々の経済への不安をもたらし消費の減退を招きます。マクロ政策である景気対策がミクロ政策の成長政策と混同されていて、2つを区別することで政策や人々の考え方は整理されるでしょう。

7.2.2　日本の財政　国際比較

グラフ7.2.4は債務残高の対GDP比率の国際比較です。日本が突出してだいぶ前から高く、近年も上昇していることがわかります。コロナ発生時の2020年は、どの国も上昇しその後減少傾向にありますが、日本は比率を維持しています。2009年から日本は50％増加しているものの、他国はそこまで増えていません。今は低金利で利払いが10兆円程度ですが、金利が5％になれば、すぐに利払いは増えないものの長期的には、利払いは1100兆円×5％と55兆円になります。利払いの10兆円に対し、45兆円を増税するか、新たな借金をするしかなく、新たな借金であれば、累積の赤字がさらに膨らんで、持続可能が怪しくなります。SDGs（持続可能）はよくいわれていますが、日本の財政こそが、持続可能かどうか問われています。通常の金利を3％から6％程度とすると、日本は金利が普通にある世界にはすぐには戻りづらい状況です。

新規の借金が増えない、つまり累積の国債が増えない状況をプライマリーバランスといいます。少なくともプライマリーバランスを達成すべきであると相当前からいわれていました。2025年度はプライマリーバランスを達成する見込みが発表されています。結果として、増税ではなく、インフレによって税収が増え、かつ円安で企業収益が増して法人税収が増えています。これはインフレ増税ともいわれ、政治的には国民の反発を受けにくい実質増税です。

1990年から2023年にかけて、日本の財政支出は、社会保障費と国債の償還（返済）と利払いが増えて、他はあまり増えていません[11]。また財政収入は約46兆円も増えましたが、税収は約10兆円だけでは借金が約38兆円増えています。１人１人の実感としては、多少増税（社会保障費を含む）されても、公共サービスは増えておらず、これでは不満がでてしまい、政府への信頼が醸成しにくくなっています。構造的に高齢化が進展しているときは、生産年齢人口比率が減少しますので、高齢者への移転支出（年金、医療）によって、労働者の負担が重くなって、経済的に豊かになりにくくなります。

この関連で、少子高齢化による年金財政が危ぶまれています。高齢化に対し、年金は賦課方式よりも積み立て方式の方が対応可能です。賦課方式は生産年齢者層から年金生活者へ社会保険料の形で所得が移転します。「年金が支払われる人口／徴収される人口」比率は高齢化によって増えますの

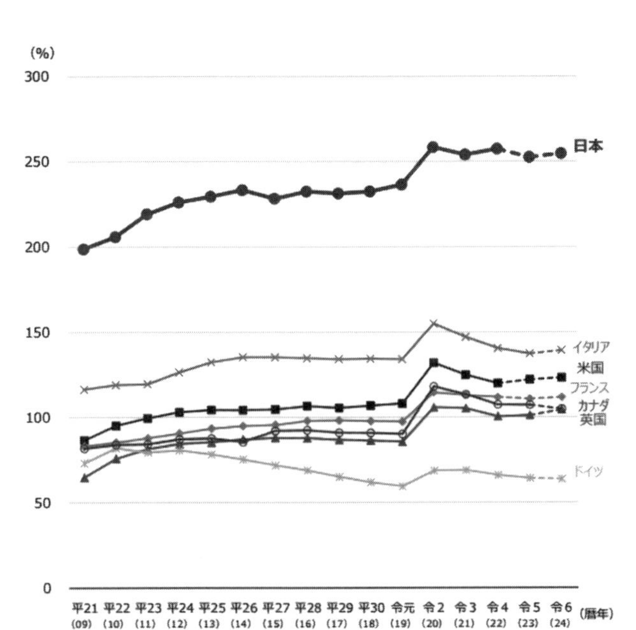

グラフ7.2.4　債務残高の国際比較
出典：財務省債務残高の国際比較より転載（点線は推計）

表 7.2.5　政府部門の税・支出の国際比較（2021 年）

	政府総収入			政府総支出		
		税収	社会保障		社会保障以外	社会保障
諸外国平均	34.2 %	25.2 %	9.0 %	46.2 %	22.2 %	24.0 %
日本	34.1 %	20.8 %	13.3 %	44.5 %	17.6 %	26.9 %
ドイツ	39.3 %	24.5 %	14.8 %	51.0 %	21.6 %	29.4 %
アメリカ	26.5 %	20.4 %	6.1 %	44.9 %	22.5 %	22.4 %

前出（202 頁）の歳入歳出は日本政府の収入と支出、ここでの政府は地方も含む公的部門、総支出と総収入の差は年金基金からの支出と国債と考えられます。
出典：財務省これからの財政を考える、OECD：compare your country（global revenue statistics, expenditure for social purposes）より著者作成

で、完全賦課方式は高齢化になるほど、維持できなくなります。日本の場合は全体としては混合方式で、積み立て方式にしていれば、課題はありますが、高齢化に対応できます[12]。なお、政府部門の総収入（政府税収と社会保障収入、国債を除く）の対 GDP 比は、諸外国と比べて、総収入はほぼ平均、税収は低め、社会保障負担は高齢化を反映して高めです。一方総支出はやや低め、社会保障以外の公的支出はだいぶ低め、社会保障は高めです（表 7.2.5）。

国債残高のうち、中央銀行である日銀が 43 %も保有しています。主要国の中央銀行の保有率では日本が 1 番高く、イギリスが 31 %、ドイツ 29 %、アメリカ 23 %となっています[13]。金利は貸し借りの需給で決まるのが市場原理ですが、日銀が購入することで、金利が市場よりも下がっていて、これを市場の歪みといいます。日銀はこの他、株式市場で株を簿価（買い入れ価格）で 34 兆円、時価（売ったときの価格）で 70 兆円保有しています。これは日本だけのことです。これも株式市場の適正な価格形成を歪めています。

7.2.3　付加価値生産性、経済成長、課題

経済成長、特に１人当たりのGDPは、生産性と密接な関係があります。労働分配率を増加させても、限界があり、長期的には同じパイを分け合うよりも、生産性を上げてパイを大きくしたほうがいいです。物的労働生産性は、生産量／労働投入量で定義されます。1tのお米の生産を10人の労働者で生産するのであれば、お米の物的労働生産性は100kgとなります。生産性が向上して、1tを１人で生産すると、物的労働生産性は１（t/人）となり、９人がお米生産から解放されて、他の財サービスの生産に回り、結果として全体の生産量そしてGDPも増えます。

さて物的よりも付加価値生産性が重要です。同じ物であっても、いくらで売れるかが大切で、低価格でしか売れないのであれば、付加価値、すなわち所得（＝GDP）は増加しません。さらに経済のサービス化によって、物で付加価値を測るのは困難です。小売りや卸売り、東京ディズニーランドやUSJは、物的生産性では表せません。

この付加価値生産性を増加するには、いくつかの方法があります。まずは資本投入（設備投資）です。農業なら大型の機械やドローンの導入、食品流通なら、物流改善のための自動化された大きな物流センターの建設です。林業なら重い木材を伐採し運搬できる工作機械があります。この他最近はIT投資も重要です。ITによって、人が担ってきた部分を、ITに置き換えていきます。注文を電話によるオペレーターから、システム上で顧客が直接入力するなどweb受注システムで、オペレーターやその場所の賃貸料が不必要になります。JRのみどりの窓口閉鎖もその一環です。これらはデータ上、資本ストックに対する付加価値として、つまり資本の生産性として把握されています。資本ストックは資本価格で計測されますので、投資に対する効率性の指標になります。たとえば食品工場で、金属片を見つける機械が300万円する場合、導入によって工場の付加価値（GDP）をどの程度向上できるかということと関係しています。人の目視よりも効

率的で、人件費＞300万円なら付加価値（＝売上－コスト）は増加します。

技術革新やイノベーションによるものは、生産や売り上げに対する、資本ストックと労働者に対する効率性の指標になります。また人的投資は広い意味では教育水準の向上、企業内では労働者の研修などによる質的向上です。OECDによると、読み書きと数値計算能力は日本は1位、問題解決能力は、13位となっていて、上位に位置します[14]。目には見えませんが、海外との競争も生産性を向上させます。相対的に生産性や国際競争力が劣る企業が脱落し、生産性自体が増加しなくても、平均の生産性が上昇します。

以上を整理するために、潜在成長率の日本の要因分析をグラフ7.2.6を紹介します。潜在成長率は、労働者や資本を最大に稼働させたときの可能なGDPの成長率です[15]。2020年はコロナでGDPは下がりましたが、潜在GDPは減少していません。潜在的な供給能力は落ちていないからで

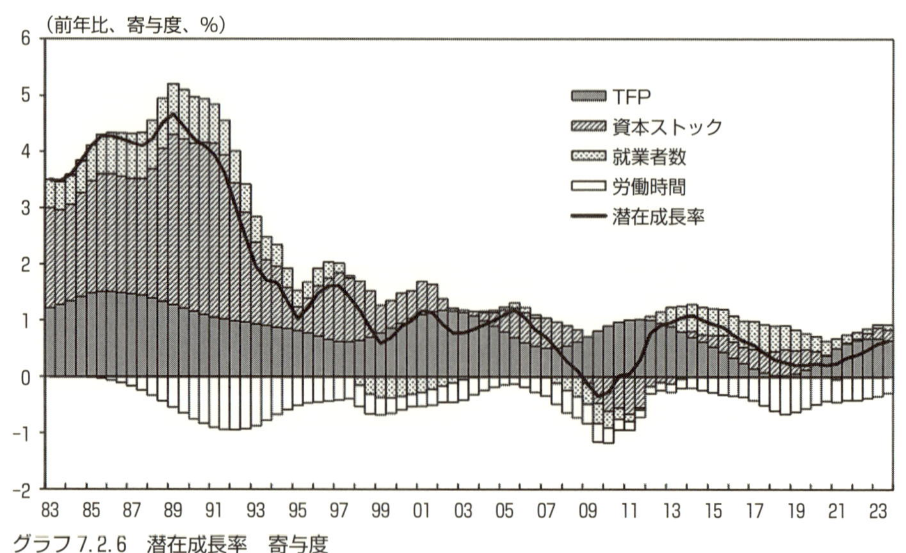

グラフ7.2.6　潜在成長率　寄与度
出典：日銀需給ギャップと潜在成長率分析図表（2024年7月）より転載

す。1991年では、潜在成長率は４％程度ですが、労働時間は減少していますのでその分マイナスになり、就業者数は１％弱程度増えてプラスの貢献、資本ストックは設備や機械で、その増加が成長に寄与しています。TFP（Total Factor Productivity）は全要素生産性といいます。ITあるいは情報化、イノベーション（新技術、研究開発あるいはR＆D）、ブランド向上（デザイン、マーケティング、特許）、人的資本（労働者の再教育や研修により人材開発）などによって高まります。TFPは、成長率から、資本ストック、労働時間や就業数要因を除いた残りです。そして１人当たりの潜在GDP成長率はこの成長率から、就業者増加率を引いたものとなります。

日本は長期間、労働時間は減少して、今やアメリカよりも少ないというデータもあります。労働１時間当たりのGDPでは、労働時間が減っていますので１人当たりのGDPよりは増加率は高いです。なお、労働時間は少なければ収入が減少し、労働＝自己実現であれば、常に「労働時間減少＝善」でもありません。潜在成長率は長期的には減少傾向にあることがわかります。1990年頃は、資本ストックの寄与度が最も大きいのですが、最近はTFPが大きなウエイトを占めていることがわかります。製造業比率が減少しサービス業が増えてきた結果、「もの」の生産性と直結する設備投資の必要性が、相対的に下がっていると考えられます。生産年齢人口が減少する中で就業者数は増えています。これは女性就業率や65歳以上の男女の就業率が増えたことが要因です[16]。ただ長期的には限界がきます。

7.3 食産業とマクロ経済

この節では、食産業と経済との関係を、グラフを中心に解説し、コロナ時から資源食料価格高騰、円安の動きと、食ビジネスへの影響を概観します。

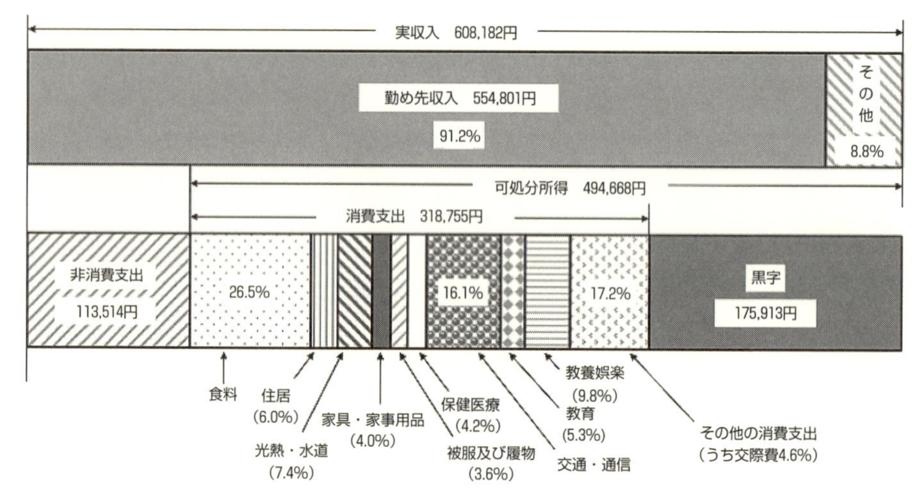

グラフ 7.3.1　2 人以上の勤労世帯の実収入と消費支出（2022 年度）
出典：総務省統計局家計収支編 2022 年（令和 4 年）家計の概要、より転載

7.3.1　世帯と食消費、調理行動

グラフ 7.3.1 は、世帯収入とその消費の実態を示しています。すべての世帯ではなく標準的な勤労の 2 人以上の世帯です。食料が最大の支出項目になっています。非消費支出は、税金や年金などへの毎月の支出です。つまり実収入の 60 万円には税金などが入っています。黒字は預金になります。交通通信には携帯などが含まれます。収入のうち半分強が消費支出（約 32 万円）です。これだと収入（所得）＞需要（消費）となって、三面等価の、生産＝所得＝需要にはならず、経済全体としては需要不足になります。しかし、税負担分は政府支出、年金は高齢者支出、預金部分は設備投資になっていて、需要不足にはなりません。需要は、政府支出、投資、消費（勤労世帯、年金世帯）から構成されているからです。

グラフ 7.3.2 は、食料支出の内訳です。多くの種類が満遍なく消費されていることがわかります。外食はこの中に入ります。調理食品は中食ともいわれるもので、加工済みの食品の、冷凍食品、レトルト食品、お惣菜などで、調理時間が省け、味も悪くはないので、近年比率は上昇しています。

外食になぜ行くのでしょうか。家族の場合は、家での食事と異なる種類の食事が提供される、調理を省けるなどです。なお１人の場合は、規模の経済の関係で、１人の調理は効率が悪いです。外食産業の競争相手はライバル会社もありますが、同時に家庭料理でもあります。食品スーパーでは得られない食材や飲料を使用、効率的に安くかつ美味しく提供、場所や雰囲気が家庭ではできない、などの差別化があることが、家庭料理に対する優位性です。海外では宅配サービスが増えてきて、持ち帰りも含めると、その比率は少なくないというデータもあります。店舗面積や従業員を減らすメリットがあり、特に都心ほど地価が高いので、その優位性がある可能性があります。屋台やキッチンカーも同様です。

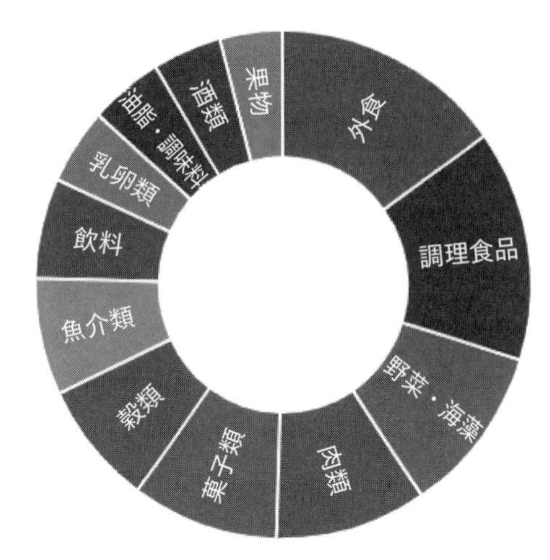

グラフ7.3.2　食料支出内訳
出典：総務省統計局家計収支編 2022 年（令和４年）家計の概要、より筆者作成

円グラフの多くの選択肢の中から、人々はライフスタイルや食習慣、品質や価格を考慮して選択していきます。代替性が高いほど価格差に敏感になります。魚が減少してきた背景には、時代の流れ（トレンド）や代替財の肉類との品質や価格差があります。

7.3.2　コロナ、資源・食料価格上昇、円安と各食品の消費支出の変化

コロナや円安、資源・食料価格高騰に対して消費がどのように変化したかなどを見ていきます。経済学は実験が研究室内でやりにくく、社会実験

になりますが、通常は実施できません。このような大きな変動があったときは、一種の社会実験になって、比較的背後の因果関係を把握しやすくなります。

さてコロナ発生時の2020年の雇用者報酬は表7.1.7（198頁）にあるように、ほとんど変化していませんが、消費支出は大きく減少しています。これは先行き不安や外出抑制で、預金を増やしたことを反映しています。表7.3.3は、名目の可処分所得と消費支出です。可処分所得は、雇用者報酬などの収入から税金などを引いたものです。2020年は、企業所得の減による給与増、1人10万円の政府からの一時金、雇用助成金などで、可処分所得は増加しています。しかし、消費支出は大きく落ち込み、その分預金は大幅に増加しました。支出の落ち込みはGDPを下げます。2022年になってようやく消費は元に戻っています。では1人10万円は効果があったのでしょうか。この分消費に回っていれば落ち込みを防げていたといえますが、効果測定は難しいです。ただ単に政府赤字を増やした可能性があるものの、一方で見舞金のようなもので、なにがしかの安心を国民に与えていれば、効果はあったと思われます。なお、この表は名目で、実質は減少しています。

表7.3.3　コロナ前から2023年の可処分所得、消費支出、預金（名目）

	2019	2020	2021	2022	2023
可処分所得	308	320	311	314	317
消費支出	297	281	290	308	315
預金	11	38	20	5	1

出典：内閣府家計可処分所得・家計貯蓄率四半期別速報より筆者作成[17]

次に食料消費の推移を見ていきます。表7.3.4は名目の消費支出と食料および主な消費項目の、対前年比の変化（%）です[18]。

コロナ発生時の2020年は、外食費の減少が目立ちますが、その他は堅

表 7.3.4　名目の消費、食料、各食料品の変化率（%）

名目	2020 年	2021 年	2022 年	2023 年	20 年～ 23 年
消費支出	−6.5	0.7	3.9	1.3	−0.6
食料	−2.3	−0.9	2.8	5.6	5.2
穀類	3.9	−4.2	−1.1	3.4	2.0
米	2.5	−8.3	−10.2	2.4	−13.6
パン	−2.9	−0.5	3.0	3.6	3.2
魚介類	4.2	−3.4	−2.4	1.5	−0.1
肉類	9.3	−2.4	−0.9	2.3	8.3
乳卵類	6.5	−2.7	−2.4	8.9	10.3
野菜・海藻	7.4	−5.0	−1.4	1.2	2.2
果物	3.5	0.5	−1.1	3.6	6.5
油脂・調味料	8.2	−2.3	−0.3	2.3	7.9
菓子類	−3.1	3.1	6.3	5.5	11.8
調理食品	3.4	4.9	3.6	3.2	15.1
飲料	2.0	0.4	2.3	4.1	8.8
酒類	8.6	1.8	−1.7	−2.9	5.8
外食	−28.5	−2.7	15.8	18.4	3.0

出典：内閣府家計調査（家計収支編）、時系列データ（総世帯・単身世帯）より筆者作成

調です。お酒は外出を控えたことで、2020 年は増加しています。消費支出は−6.5 %に対し、食料は−2.3 %にとどまっています。コロナ収束の2023 年までの合計では、消費全体では、−0.6 %に対し、食料は増えて5.2 %になっています。コロナ発生時に落ち込んでいた外食は結局 3.0 %の増加になって回復しています。

ところが実質での数値は様相が異なってきます。表 7.3.5 は上記の実質です。実質は購入量と解釈できます。物価上昇率は、名目を実質で引いたもので求めることができます[19]。名目の消費支出はこの間−0.6 %と微減していますが、物価の上昇により実質は−7 %と減少しています。つまり

表 7.3.5　実質の消費、食料、各食料品の変化率（%）

実質	2020 年	2021 年	2022 年	2023 年	20 年〜 23 年	物価上昇率
消費支出	−6.5	1.0	0.9	−2.4	−7.0	6.4
食料	−3.6	−0.9	−1.6	−2.3	−8.4	13.6
穀類	3.8	−3	−5.8	−3.8	−8.8	10.8
米	2.4	−5.3	−6.2	−1.3	−10.4	−3.2
パン	−2.6	0.0	−6.4	−4.2	−13.2	16.4
魚介類	4.6	−4.5	−12	−9.2	−21.1	21.0
肉類	8.2	−3.3	−4.6	−4.1	−3.8	12.1
乳卵類	6.2	−2.6	−4.5	−6.1	−7.0	17.3
野菜・海藻	3.8	−3.4	−5.3	−4.8	−9.7	11.9
果物	−2.4	2.2	−6.7	−3.1	−10.0	16.5
油脂・調味料	8.9	−2.5	−6.6	−6.1	−6.3	14.2
菓子類	−5.1	2.1	1.8	−4.1	−5.3	17.1
調理食品	2.7	4.6	−0.9	−5.1	1.3	13.8
飲料	2.5	0.1	−0.4	−3.1	−0.9	9.7
酒類	7.8	2.0	−2.9	−8.8	−1.9	7.7
外食	−30.0	−3.0	12.3	12.3	−8.4	11.4

出典：内閣府家計調査（家計収支編）、時系列データ（総世帯・単身世帯）より筆者作成

7％購入量が減少したことになります。この間名目 GDP では約5％伸びていて、名目の消費もその程度伸びるはずですが、税金や年金への支払いが増えて可処分所得が名目ではそれほど増えず、さらに実質はインフレで増えていないことが要因として考えられます。

食料は名目では5.2％と伸びているものの、実質では−8.4％と減少し、食料物価の上昇（13.6％）が消費全体の物価上昇率（6.4％）よりも高くなっています。消費者は、実質がマイナスなので、食料の購入量を減らしていることになります。物価上昇率は唯一お米のみがマイナスで、その他では魚介類が最も価格が上がっています。実質の購入量では調理食品の

みが最近の傾向を反映してプラスとなっています。

7.3.3　値上がりの要因、海外要因（資源価格、円安）

これらの大幅な値上がりの要因は、輸入物価の上昇が要因で、さらに副次的には、エネルギー価格の上昇が、物流や食材生産費の増加に直結します。通常輸入物価、生産者物価、そして消費者物価と、順に物価が上がっていきます。輸入小麦の価格が上がっても、しばらくは在庫があるので、すぐに値上げはしないものの、在庫がなくなると、生産者への売り渡し価格に影響します。パン屋も小麦の在庫があるので同様です。表7.3.6は輸入物価指数です[20]。

表7.3.6　輸入物価指数（品目別　2020＝100）

	総平均	飲食料品・食料用農水産物	繊維品	金属・同製品	木材・木製品・林産物	石油・石炭・天然ガス	化学製品	はん用・生産用・業務用機器	電気・電子機器	輸送用機器	その他産品・製品
ウエイト	1,000	85	59	102	17	214	108	76	207	51	82
2019	112	101	101	98	106	140	111	102	106	100	103
2020	100	100	100	100	100	100	100	100	100	100	100
2021	122	118	103	146	137	153	109	104	106	104	110
2022	169	150	116	167	189	303	123	118	125	119	125

出典：総務省統計局　物価・地価　輸入物価指数より一部編集の上転載

さてこの表から、2022年は全体で、2020年（100）の1.69（169）倍になっていることがわかります。食料農産物価格は1.5倍（150）になっています。さらにエネルギー価格はなんと3倍（303）になっています。2022年はロシアによるウクライナ侵攻があった年で、ロシアからのエネルギー輸入の停止、食料需給の不安から、国際的に価格が高騰しました。この輸入価格の増加には、円安も寄与しています。その後2023年は、資源価格などが落ちついて輸入物価は一旦下がった後、今度は円安の進行で、2024年は上昇しています。

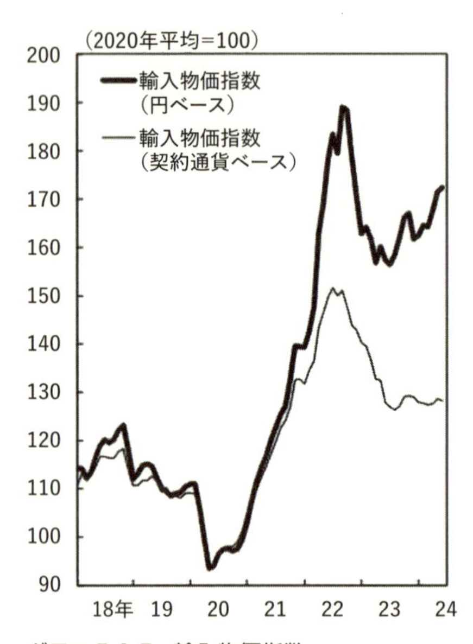

グラフ7.3.7　輸入物価指数
出典：日銀企業物価指数（2024年6月速報）より転載

グラフ7.3.7はこのことを示しています。表7.3.6は年平均に対し、こちらは月々の変化です。太い実線は日本が直面する円ベースの輸入物価です。2022年は一時190と2020年（= 100）の倍近くになっています。細い実線の契約通貨ベースは、ドルで契約したときであればドル表示、ユーロや元ならユーロや元表示です。円ベースなら円安になると、輸入価格は上がり、円高なら下がります[21]。

契約通貨（ドル）ベース[22]と円ベースの差が円安になります。海外において、基準年で1万ドル（= 100とします）の商品が次の年にインフレで1.5万ドルになると、契約通貨ベースでは150になります。さらにこのとき円安が進行して、仮に1ドル = 100円が200円になると、海外で1万ドル = 100万円の商品が、1.5万ドル = 300万円（1.5 × 200）となって、円ベースでは100から300になります。この150と300の差が円安分の価格上昇になります。2024年では通貨ベースで128、円ベースで170程度ですので、輸入物価が2020年の1.7倍のところが、円安がなければ、1.3倍程度になっていたことがわかります。逆に2024年に1ドル = 100円の円高になっていれば、2024年のレートは1ドル = 150円とすると、170 ×（100/150） = 136（1.36倍）と通貨（ドル）ベースの物価上昇率と輸入物価上昇率は同様になります。

グラフ7.3.8は円ドルレートです。2020年の110円から150円程度まで、率にして約38％（=（150 − 110）/110）の増加率で、グラフ7.3.7か

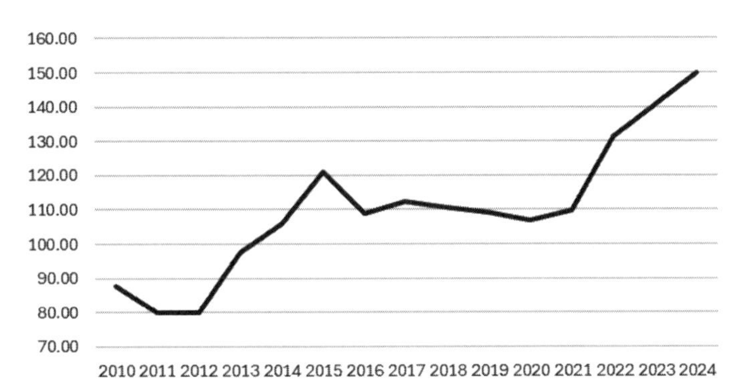

グラフ7.3.8　円ドルレート
出典：IMF IMFDATA JAPAN より筆者作成

ら試算した円安効果の 30 %とほぼ一致しています。

7.3.4　コロナ、資源・食料価格上昇、円安と食ビジネス

2020 年のコロナ以後、コロナ時は消費の減退や物流の混乱などがあって、GDP は下がったものの、物価自体は安定していました。そしてコロナが収束し始めて、GDP が元に戻ろうとした 2022 年にロシアのウクライナ侵攻などで、資源・エネルギー・食料価格の高騰が発生し、同時に日本を除くアメリカやヨーロッパなどの国々は 2022 年には金利を上げ始めました。アメリカの政策金利は 2009 年のリーマンショック直後はほぼ０％で、2016 年あたりから少しずつ上げて 2019 年は２％程度、コロナ時では再びほぼ０％金利でした。2022 年の末には 4.5 %、2024 年８月は 5.5 %になっています。日本はマイナス金利（−0.1 %）のままで、最近（2025 年１月）に 0.5 %にまで上げたばかりです。

金利差があると、資金の運用先として金利が高い方に流れ、日本での運用をやめて外国で運用した方が稼げます。円では外国で投資できませんので、為替市場で円売り、ドルやユーロ買いになって、円安になります。円安の要因は金利差だけではないものの、主要な指標になります。

円安になると景気がよくなるという説もあります。輸出企業は収益が伸び、さらに、失業者が多く供給能力が国内にあるときは、輸出が大幅に伸びてそうなります。ただし供給（生産）を増やすには時間がかかります。また輸入産業でも、海外と競争している国内の輸入産業は、海外の財が高くなるので、利益となることがあります。たとえば国内の小麦農家はその恩恵を受ける可能性があります。

一方で円安は交易条件が悪化して、GDPを下げる効果があります。交易条件とは1万円（単位は億でも何でも可）の輸出に対しどの程度の輸入を得ることができるかです。円安は輸入価格が増加しますので、交易条件が悪化します。この悪化は物価を引き上げて、消費者の実質需要を引き下げ、GDPに負の効果をもたらします。逆に円高は交易条件が改善して、消費者の利益となり、企業収益が長期的に下がらなければ、GDPを押し上げます。

グラフ7.3.9は日本の財サービスの輸出入額（円ベース、名目、四半期）の推移です。2016年から2020年ではほぼ両者とも大きな開きはなく推移しています。コロナ時に落ち込んでいますが、2021年には両者とも反動で大きく伸び特に輸入が輸出よりも伸びています。これはグラフ7.3.7の輸入物価の上昇に伴ったものです。2021年の輸入物価の要因は円安ではなく、コロナ明けの需要に供給が対応できなかったものといわれています。輸出は伸びていますが、こちらはコロナ明けとともに進んだ海外のインフレと世界のGDPの回復によって伸びています。

2022年になると前に述べたようにロシア・ウクライナ戦争の影響が出てきます。輸入物価が上昇すると、輸入数量を減らせばいいのですが、すぐには減らすことが難しく、輸入額が一気に増えてしまいました。石油価格が上がっても、火力発電を止めて風力や太陽光発電あるいは原発の再稼働はすぐにはできず、また車から電車への移行も進みません。さらにこれだけの円安ですと、もっと輸出が伸びてもいいものの、勢いがありませ

グラフ7.3.9　日本の輸出額と輸入額（財・サービス）（四半期データ　名目）
出典：IMF IMFDATA JAPAN より筆者作成

ん。これは供給能力と企業が想定する為替レートにも依存します。企業が想定する為替レートが円安になれば、企業の生産拠点を国内に移転あるいは国内の生産設備を増強しますが、想定為替レートはすぐには通常は変更しません。つまり急な円安では短期間では生産を増やすことはないと考えられます。

さて、ここまで、経済はコロナ以後、激動であったことがわかります。食ビジネスとしては、最終需要者が消費者であることを考えると、可処分所得あるいは賃金の名目と実質の動きはまずは知っておいたほうがいいでしょう。IT や鉄鋼などであれば、B to B 取引で相手が企業になることが多いですが、食はそうでもありません。名目も実質も増えているときと減っているときは明確です。両方とも増えているときは、名目の賃金の上昇率以内に、価格の値上げを抑えていれば、通常財であれば、需要が減ることはありません。

一方、今回のような海外を由来とする輸入価格の上昇は、物価が企業物価、消費者物価と波及して、成長率が低い日本経済では、実質賃金の減少になります。2022年は個人消費が、コロナ時の反動もあって、名目値で3.9％（表7.3.4）、実質で0.9％（表7.3.5）と何とか増えていますが、2023年は名目で1.3％、実質では－2.4％となって、結局コロナ前の2019年よりも名目で微減、実質は－7％も減らしています。

エネルギー価格の上昇や円安によって、すべての産業において、生産コストが上昇します。輸出企業や、それらの企業へ部品や材料供給を行っている企業は、そのコスト分を転嫁してもなんとかなります。実際1万円のうち、4000円が原材料費ですべて輸入であったとしても、円安で原料価格が2倍になって、出荷（輸出）価格を2倍（円表示）にしても、ドル表示では同じになります[23]。

一方、国内向けの財を作っている企業は実質賃金が伸びない限りは、生産コストを転嫁しても、需要が伸びず苦境になります。外食産業はその典型です。原価が400円で1000円のランチで、原価が600円になると、ランチを1200円にすると価格転嫁ができます。しかし、名目賃金が10％増で、あれば、ランチの価格上昇率は20％ですので、実質値上げになり、需要数量は下がります。ランチ当たりの付加価値は同じ600円なので、客数の減少は、付加価値の減少、すなわち収益の減少となります[24]。

なお、可処分所得の減少は、このような外部要因だけでなく、インフレの進行による、所得税・住民税の実質増税（インフレ増税）、年金負担の増加もあります。税率は累進構造で、名目所得が増加するほど、税率が上がります。賃金ではなく実質それも可処分所得の変化が生活実感に合っています。課税所得195万円までは税率は5％、195万円以上329.9万円までは10％、など段階的に増えて、4千万円を超えると45％となっています。政府の財政収入が増えているのは、円安による好調な企業業績による法人税の税収増と、このようなインフレ増税の構造が背景にあります。

7.3.5　食部門の生産性・付加価値、製造・卸・小売り・外食の特徴

日本の食部門は全体としては、グラフ 7.3.10 にあるように、１人当たりの付加価値は全産業の平均と比べて低くなっています。食品製造業、卸、小売りすべて低いです。外食の一般飲食店も低いです。この他この元の資料では、営業利益率や賃金などその他の指標も低くなっています。

その考えられる要因を、同じ資料の別の表 7.3.11 から考えます。一番右の縦の列が産業全体、その左が食品産業全体です。全体と比べるとパートタイマー（アルバイト）比率が、高いことがわかります。その要因は外食産業と小売りが高いことで、それぞれ 82.5 ％と 77.2 ％とかなりの比率です。グラフ 7.3.10 はパートタイムも含んでいて、その比率が高いと、どうしても１人当たりの付加価値は低くなります。しかし、パートタイムの

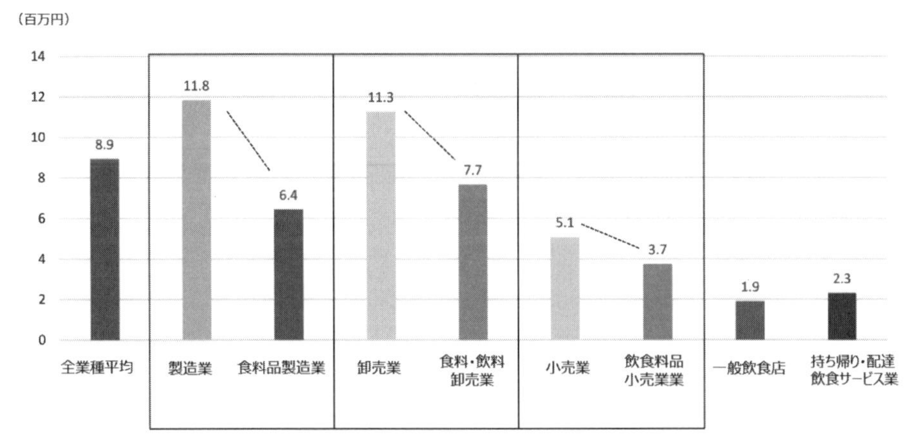

グラフ 7.3.10　食品産業の労働生産性（従業員１人当たり付加価値額）
（資料）経済産業省企業活動基本調査（2021）
（注）労働生産性とは、付加価値額をパートタイマー等を含む従業員数で割った割合であり、雇用形態や労働時間は考慮していない。
出典：農林水産省食品産業の生産性向上・事業承継について　より転載

表 7.3.11　食品産業の産業別の規模と従業員属性

	飲食料品 製造業	飲食料品 流通業	飲食料品 小売業	外食産業	食品産業計	産業全体
国内生産額	36.5 兆円 (3.5 %)	35.4 兆円 (3.4 %)		19.1 兆円 (1.8 %)	91.1 兆円 (8.8 %)	1,035 兆円 (100 %)
就業者数	142 万人 (2.5 %)	69 万人 (1.2 %)	292 万人 (5.1 %)	380 万人 (6.9 %)	883 万人 (15.5 %)	5,681 万人 (100 %)
パートタイム 労働者割合	36.5 %	23.4 %	77.2 %	82.5 %	69.6 %	31.6 %
企業数	3.9 万社	4.4 万社	16.8 万社	39.5 万社	64.6 万社	368.4 万社
小規模企業 (個人)	1.0 万社 (27 %)	0.7 万社 (16 %)	9.2 万社 (55 %)	29.7 万社 (75 %)	40.6 万社 (63 %)	161.2 万社 (44 %)
小規模企業 (法人)	2.0 万社 (51 %)	2.3 万社 (51 %)	2.8 万社 (17 %)	4.2 万社 (11 %)	11.2 万社 (17 %)	178.2 万社 (48 %)
中規模企業	0.8 万社 (21 %)	1.4 万社 (31 %)	4.3 万社 (26 %)	5.4 万社 (14 %)	11.9 万社 (18 %)	27.0 万社 (7 %)
大・中堅企業	0.06 万社 (1.6 %)	0.09 万社 (1.9 %)	0.41 万社 (2.4 %)	0.25 万社 (0.6 %)	0.80 万社 (1.2 %)	1.92 万社 (0.5 %)

(資料) 国内生産額：農林水産省「農業・食料関連産業の経済計算」(2021)、パートタイム労働者割合：厚生労働省「月勤労統計調査」(2022)、その他は総務省・経済産業省「経済センサス―活動調査」(2021) を基に農林水産省作成
(注 1) 小規模企業は、飲食料品製造業・産業全体は常用雇用者が 20 人以下、飲食料品流通業・飲食料品小売業・外食産業は 5 人以下で集計
(注 2) 中規模企業は、飲食料品製造業・産業全体は常用雇用者が 21 人以上 300 人以下、飲食料品流通業・外食産業は 6 人以上 100 人以下、飲食料品小売業は 6 人以上 50 人以下で集計
(注 3) 中堅企業は、常用雇用者が 1,000 人未満の企業
(注 4) 企業数における (%) はそれぞれの業種の総企業数に対する割合を指す
出典：農林水産省食品産業の生産性向上・事業承継について　より転載

比率が全体 (31.6 %) よりも少し高い製造業と低めの卸でも、付加価値が低いので、少なくともこの２つの業種が低いのはパートタイムの要因ではありません。

それから食品産業全体では小規模 (個人) が多く、特に外食と小売りが多くなっています。小規模でも個人と法人の違いは個人事業主か株式会社のような組織の相違と考えられます。株式会社は１人でも作れます。外食産業は小規模が多いものの、調理の特性から、規模の経済が働かず、個人

事業主でも大手と競争でき存続できます。最大の競争相手はある意味家庭で、家庭料理はもちろん小規模です。外食店はさまざまで、中には週３日間しか営業しない店もあって、店自体が副業の場合もあります。１人当たりではなく、時間当たりの付加価値データがあると、付加価値生産性が低いかがわかります。

小売業において、小規模個人は全体よりもやや多く、小規模法人が少なく、中規模企業が多くなっています。食品小売店は街の専門店（八百屋、魚屋、精肉店など）、食品スーパー、コンビニエンスストアに分類されます。街の専門店は減少しています。コンビニはフランチャイズがほとんどで、店長は個人事業主つまり小規模個人か、小規模法人です[25]。食品製造と流通（卸）になると、小規模法人は全体と同じですが、中規模企業が多く、逆に小規模個人は少なくなっています。製造業はパートタイムが小売りや外食に比べて少なく、流通（卸）はさらに低くなっています。

この要因として、食品産業の特徴に、製品単価と製品サイズが他の製造品に比べて低く、その結果労働集約的な産業が多いことがいわれています。資本ストック／労働者数、が小さい産業を労働集約財といい、逆を資本集約財といいます。原始時代の調理と現代を比べると、今は冷蔵庫、電子レンジなど、多くの設備（機械）が導入され、昔よりも資本集約的になり、家庭の調理では、調理や家事に人や時間を使わない方向に進んでいます。

食産業でも、人や手間を減らす省力化投資は、１人当たりの付加価値を高めることになります。外食産業は調理工程から顧客に出して片付けるまでを機械化するには限界があります。小売りでは、仕入れから店舗に品物を並べて売る過程に、人手が必要です。つまり省力化投資が進みにくく、結果として付加価値が少なくなっている可能性があります。近年は調理ロボット、つまり資本が導入されつつあります。この機械の登場は労働集約型からより資本集約型への転換になります。ただし導入には、ロボット価格、品質とその安定性、扱える時間当たりの量、耐久性、1日の扱う量に依存します。多くの客を捌く店では、ロボットが高価でも労働時間を多く節約できますので元がとれます。

この他、付加価値を高めるには、労働以外のコスト、食材費、物流コスト、管理運営費減の諸経費減があります。もう1つの方向は、高くても購入してもらえる高付加価値志向です。食の場合、物的生産性の上昇とは異なる世界があります。和風の庭付きの料亭はその典型的な世界です。高付加価値はブランド形成と関連してきます。手間暇かけた、ブランド米や、高級果実、お酒もそうで、職人や匠の世界で、真似ができない世界です。

ただしこれは希少性のある世界で、メインで量的に広がることはありません。メインの世界では、物的な生産性が必要です。今後高齢化に伴う人手不足によって、人件費はさらに上がります。多くの産業はこのための省力化投資やそれに類するイノベーションを取り入れることになります。グラフ7.2.6の潜在成長率にあるように、資本投入と同時にTFP（全要素生産性）増につながる試みが必要です。

最後に市場原理の考え方からまとめます。まず生産性も賃金が低く条件が悪い企業ですと、労働者が来なくなり結果として、生産量は減ります。同業他社よりも当該企業だけが低く、賃金を十分出せないのであれば、人手不足倒産か撤退になります。業界全体で低ければ、供給不足は、価格の上昇＝賃金上昇、で人手を何とか確保でき、低生産性＝高コスト＝高価格で生き残れる可能性があります。ただし海外からの参入があれば別です。またM＆Aを実施しやすい業界ですと、低生産性で低株価の経営を改善できる経営者や企業が現れて、その低株価の企業を買収し、生産性を改善することはあり得ます。

注

1　たとえば物価が10％下がっていて、労働者に賃金を5％下げることを提案するのは、結局５％の賃上げと同じですが、５％賃下げの実現は難しいです。なお生産性上昇を伴わない賃金の上昇は、コスト増＝価格増となり、賃金と物価は連動します。

2　企業所得は営業余剰、固定資本減耗は減価償却費ともいいます。

3　積み立てる金額は設備投資が20億円として10年で更新すると、年間２億円が非課税として認められます。根拠なくこの金額を設定できるわけではありません。

4　データブック国際労働比較 2024

5　世界不平等研究所 2021年

6　投資は、民間、公的、住宅を合計とすることもあります。消費は民間消費です。

7　正確には財とサービスの合計です。財は目に見える有形の食料や原油、サービスは旅行、保険料、情報、特許等使用料などです。

8　10年満期の１億円の国債で利率が１％とします。2014年に発行すると国は１億円借金でき、毎年１％の100万円を払います。そして10年後の2024年に満期を迎えると１億円を購入者（多くは銀行や日銀）に払います。利払い費は2024年で約10兆円です。満期は10年だけではありません、また発行年で利率は異なります。

9　金利の役割は、資金の需給調整で、通常資金不足であれば、金利は上昇し、その分海外から資金が流入し金利は下げ気味になり、資金余剰であれば、金利が下がり、その分海外に流出して、金利は上昇気味になり、海外との差はそこまで開かないようになっています。金利上昇を、日銀の国債購入による資金供給で抑えています。

10　なおマクロ政策のときに、議論されるのは潜在GDPと実際の差、これをGDPギャップといいますが、この差があるか否かです。大不況期は明らかに大きいですが、通常期はそれほど高くはありません。失業率とも関係していて、失業率が高いとギャップも大きくなる傾向があります。

11　財務省：これからの日本のために日本の財政を考える

12　なお、賦課方式から積立方式にするには、移行過程の課題が指摘されています。また、政治的には積み立て方式から賦課方式にするほうが、勤労世代の年金負担が減って国民の反発は少ないです。

13　財務省：債務管理リポート 2023, 2 諸外国の債務管理状況

14　OECD: compare your country, adults　データは2013年–2016年

15　労働者は失業率が10％であれば、８％程度を利用できます。なお残りの２％は自然失業率といって、転職する人が一定数いて、その人が一時的に失業者に

なりますので、自然失業率はゼロにはなりません。

16　たとえば国土交通白書2020　第1節　我が国を取り巻く環境変化　就業状況の変化

17　預金＝可処分所得—消費　四捨五入の関係で1程度異なることがあります。

18　表7.3.3から計算した消費支出の変化率と表7.3.4の消費支出変化率は若干違います。これはデータソースが、表7.3.3はマクロ統計、表7.3.4は家計調査と異なるためです。

19　名目が5％で実質が0％なら、物価のみが上昇して購入量つまり実質は変化なし、名目が0％、つまり価格変化なしで、実質が5％なら、購入量は5％増えます。

20　指数の計算方法は、たとえば輸入額の70％（0.7）をエネルギー、残りの30％（0.3）を食料が占めるとして、エネルギーが20％上昇、食料が50％上昇のときは、0.7×20％＋0.3×50％＝29％と計算します。加重平均といって、0.7と0.3は加重比率、つまりウエイトになります。エネルギー（石油・石炭・天然ガス）の214は全体の1000に対し、0.214になり輸入総額の21.4％を占めていることになります。

21　1ドル＝100円が円安で1ドル＝150円になると、100ドルのアメリカの財は日本円（円ベース）で、1万円から1.5万円になります。原油などはドルベースで契約されますので、円ドルレートの上昇はそのまま円ベースの価格に反映されます。

22　契約通貨ベースとは、海外と取引するときに、商品やサービスの価格を決めますが、そのとき円、ユーロ、ドルなどで契約しその契約通貨のことを指します。通常はドルが多いのでカッコでドルとしています。

23　1ドル＝100円が1ドル＝200円になったとき、輸入品40ドル＝4000円が、40ドル＝8000円になります。しかし、国内で1万円＝100ドルの財は、円安後2万円＝100ドルなので、円ベースの出荷価格を2万円に値上げしても、海外では100ドルのままとなります。

24　コロナ発生時直後は、食品産業では外食産業などの業務用はマイナスに、食品スーパーなどの消費者向けは増えたといわれています。なお全体の食支出は表7.3.4と表7.3.5にあるように、直後は名目・実質ともマイナス、20−23年では名目はプラスで実質はマイナスです。

25　一般的には複数店舗経営など売り上げと利益が大きいと法人にする方が有利です。

第8章

食とグローバル経済

キーワード

食関連の貿易
●
貿易・サービス収支
●
比較優位
●
国際分業
●
対外・対内直接投資
●
日本の保護貿易
●
WTO・TPP
●
食習慣と遺伝子
●
食生産・消費の均質化
●
文化多様性

この章で学ぶこと

これまでの章ではグローバル化を背景に、国際比較の視点を入れてきました。本章では、それを広く外国とのさまざまな取引などの視点から、食の生産や消費を考えます。外国との取引は財貿易、サービス貿易（旅行、特許、保険）、所得の移転、金融取引（直接投資、間接投資）です。これらから日本と海外経済との関係がわかります。食関連の貿易も詳細に見ていきます。

次に貿易の基本的な仕組みとメリットデメリットを概観した上で、国際分業も含めて、食貿易を解説します。直接投資は、ビジネスの国際化や日本経済の活性化とも関係します。また日本の農業の保護貿易は WTO や TPP の国際協調の枠組みの中にあります。最後に食のグローバル化を、食の均質化と文化の多様性および地産地消の視点から考えます。食のグローバル化は、さまざまな食材や食品が相互にいろんな国で食されますが、同時に伝統的な食が失われ、その結果食の多様性がなくなることが危惧されています。最後に日本食と日本食材の世界展開の可能性を考えます。

8.1 日本の対外取引の状況

8.1.1 貿易

表 8.1.1 は 2022 年度の日本の主要な貿易相手国との輸出入の合計金額です。総額では 218.7 兆ですので、日本の GDP が約 600 兆であることを考えるとかなりの比率になります。国別の順になっていて、中国の比率が最も大きくその後アメリカ、オーストラリア、台湾と続いています。オーストラリア、UAE（アラブ首長国連邦）、インドネシアが上位なのは、原油、液化天然ガス、石炭、鉄鋼の資源輸入によるものです。地域別ではアジアが約半数を占めています。中国・香港となっているのは、香港に輸出してそこからさらに中国などへ再輸出していることなどが理由です。

表 8.1.1　2021 年日本の商品別輸出入額

国別　輸出入総額（兆円、2022 年）総額　218.7 兆円

中国	アメリカ	オーストラリア	台湾	韓国	UAE	ベトナム	インドネシア
43.8	30.0	13.8	12.0	11.5	7.2	5.9	5.7
20.2 %	13.9 %	6.4 %	5.5 %	5.3 %	3.3 %	2.7 %	2.7 %

地域別　輸出入総額（兆円、2022 年）

（アジア）	ASEAN	EU	中国・香港
108.8	33.3	21.0	48.3
50.2 %	15.3 %	9.6 %	22.3 %

出典：税関貿易相手国上位 10 か国の推移より著者作成　＊アジアに ASEAN、中国・香港が入る

この貿易比率から経済的には、アメリカだけではなくアジアあるいは中国の動向によって、日本経済が左右されるといえます。中国経済の減速は日本の中国への輸出を減らし、日本への需要を減らし、三面等価の流れから、日本の GDP の成長にマイナスの要因となります。このことは企業収益の減少そして、株価の低下になります。もちろんその逆もあります。世界最大の GDP を有するアメリカの景気指標は重要であるものの、日本においては、中国やアジア経済の動向をもっと注視したほうがいいでしょう。

グラフ8.1.2は2021年の日本の商品別輸出入額を示しています。食料品、原材料、鉱物性燃料（原油等）などが、輸入が輸出に比べて大きく、化学製品（有機化合物、医薬品、プラスティックなど）、原料別製品（鉄鋼、金属など）、電気機器（半導体部品、テレビなど）、はそれほど差がなく、輸送用機器（自動車、航空機）や一般機器では逆に輸出が大きくなっています。輸入に対して輸出が大きいほど比較優位があって、食品はないことになります。鉱物性燃料は日本にないので仕方がないにせよ、食料品は日本にもありますので、もう少し輸出できる可能性はありそうです。

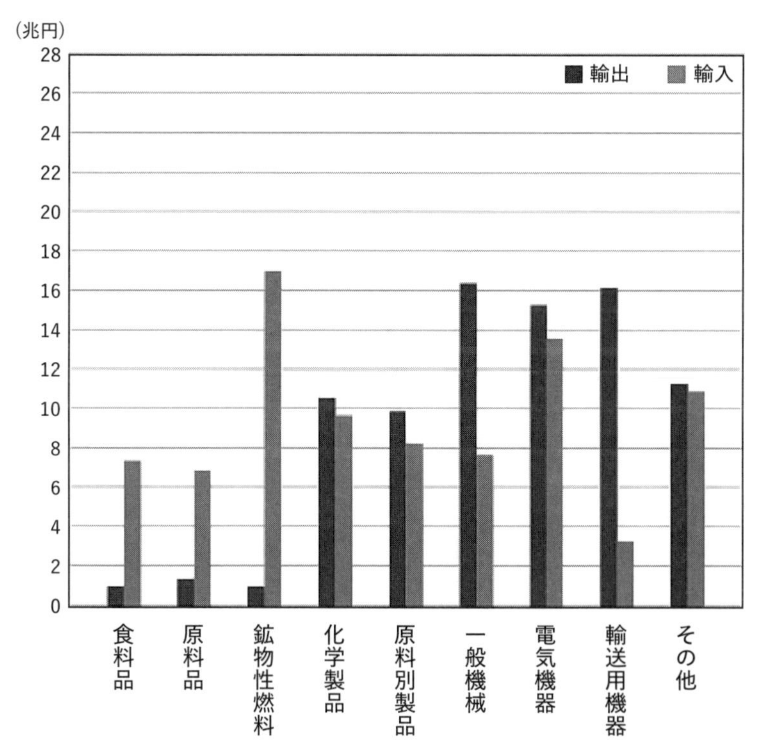

グラフ8.1.2　2021年商品別輸出入額
出典：JFTC一般社団法人日本貿易協会より転載

8.1.2　食関連の貿易

表 8.1.3 は食関連の輸出と輸入です。輸出は少なくわずか 1 兆 3 千億円程度で、全輸出の 1 %を超える程度です。食輸入は 7 %弱です。農産物の輸出では牛肉が多いものの、輸入の牛肉よりもかなり少なくなっています。水産物輸出ではホタテ、真珠と続いています。食品製造では、お酒類（ウイスキー、日本酒など）、調味料、清涼飲料となっています。アルコール飲料は輸入が輸出よりも 3 倍程度と多いですが、その飲料輸入額は牛肉や水産物の輸入よりも、低くなっています。アルコール飲料の輸出はウイスキーと清酒で全体の約 3/4 を占めています[1]。両方とも好調ですが、特にウイスキーは近年評価が高まり 2020 年に清酒を抜いています。飲料の輸出相手国では、中国、アメリカ、台湾、香港、シンガポールの順になっています。

表 8.1.3　日本の食関連貿易（2023 年、単位億円）

輸出　総計 1 兆 2960 億円

農産物	牛肉	緑茶	リンゴ	小麦粉		
	570	292	167	138		
水産物	ホタテ類	真珠	ぶり	かつお・まぐろ	なまこ	
	899	456	418	227	169	
食品製造	アルコール飲料	調味料	清涼飲料水	菓子（米菓除）	たばこ	粉乳
	1344	544	537	307	181	172

輸入　総計 7 兆 3342 億円

農産物	トウモロコシ	豚肉	鶏肉	牛肉	果実	大豆	冷凍野菜	小麦	コーヒー生豆	菜種
	6890	5512	5066	4112	3927	3097	3048	2712	2029	1933
水産物	さけ・ます	かつお・まぐろ	えび							
	2582	2091	1932							
食品製造	たばこ	アルコール飲料								
	6488	3842								

出典.：農林水産省農林水産物輸出入概況 2023 年より著者作成

輸入はトウモロコシ、たばこ、豚肉、鶏肉の順になっています。トウモロコシは肉ほどスーパーで見かけないのは、飼料用の需要が多いからです。冷凍野菜は、野菜といえば生鮮食料で、冷凍と関係がないように見えますが、冷凍輸入金額からは、じゃがいも、ブロッコリー、えだまめ、ほうれんそうの順になっています[2]。なお、たばこは統計上、食関連に入っています。菜種は大豆とともに植物油の原料になります。

8.1.3　経常収支　その他の国際取引

海外との取引は貿易だけではありません。表 8.1.4 は、貿易も含めた国際間の金融以外の取引を表した経常収支表です。経常収支は、貿易収支、サービス収支、第一次所得収支などに分かれます。貿易収支は、（輸出－輸入）で示されます。輸出は輸出代金が日本に入るのでプラス、輸入は海外に支払いますのでマイナスです。このプラスマイナスを収支といい、マイナスなら赤字、プラスなら黒字です。プラスの黒字がよくて赤字が悪いわけでもありません。実際経済が好調なアメリカは、経常収支は赤字が続いています。

経常収支や金融収支を合わせて国際収支といいます。そして統計上、両者を合わせると、ゼロになります。つまり、経常収支が赤字であれば、金融収支は黒字になり、逆は逆です[3]。国際収支表は一国の内外の取引を資金の流れから、計上したもので、ここからその国の状況を垣間見ることができます。

表 8.1.4　経常収支

			金額
貿易・サービス収支			▲ 6 兆 230 億円
	貿易収支		▲ 3 兆 5, 725 億円
		輸出	101 兆 8, 666 億円
		輸入	105 兆 4, 391 億円
	サービス収支		▲ 2 兆 4, 504 億円
第一次所得収支			35 兆 5, 312 億円
第二次所得収支			▲ 4 兆 1, 692 億円
経常収支			25 兆 3, 390 億円

出典：財務省令和 5 年度国際収支状況（速報）の概要

経常収支は貿易・サービス収支（貿易収支＋サービス収支）、第一次所得収支、第二次所得収支から形成されます。サービス収支は、国際間のサービス財の取引です。サービスは、旅行、IT 関連、特許、運輸などです。旅行は日本で外国人を受け入れると、旅行サービスを海外の方に提供（輸出）となって、資金が入ってきます。日本人が海外へ行くと逆になります。日本企業が特許取得すると、その使用料が日本に資金流入します。その他運輸は飛行機や船の運輸サービス、保険も同様です。インバウンドがさらに増えると、外国人が日本でお金を支出しますのでこの収支は黒字になります。一方 IT 関連ならクラウドサービスや海外ソフトへの支払いが増えると赤字になります。日本のアニメが海外で売れると、その著作権料が日本に入ります。

第一次所得収支は、過去の累積した直接投資、債券などの投資（金融投資）からの、収益と支払いです。日本は海外直接投資や海外への間接投資が、逆の海外からの日本への投資より多いことから、その膨大な収益から大幅な黒字になっています。日本でのアマゾンの通販サービスの利益は、アメリカ本社に流れます。トヨタの海外子会社収益は日本に流入します。日本人のアメリカへの株式投資の配当収入は日本に流入します。第二次所得収支は、対価を伴わない所得の移転で、官民の海外への無償協力援助を反映して日本は赤字が続いています。

国際間の金融取引は、金融収支と呼ばれ、日本の投資家が海外の株や国債などを購入したり、逆に海外の投資家が日本のものを購入することです。そしてこれら海外との資金の取引を計上している国際収支は為替レートが密接に関連しています。資金取引では、円とその国の通貨を交換しないと取引は成立しません。その通貨の取引は為替市場を通じて行われます。為替市場は東京の豊洲市場のように明確な取引所があることはなく、世界中にある銀行のトレードルームなどに分散しています。そして、魚市場などと同様に、通貨の需要と供給で決まります。国際収支上の日本への円資金の流入は海外通貨（元、ドル、ユーロなど）を円に交換して、円で日本の株式購入、輸出代金、日本企業などへの支払いにあてます。原油代金の支払いは逆に、円を為替市場で売ってドルに交換し、UAE などの産油国に支払います。需要が供給を上（下）回れば、円高（安）になります。

最近の円安は、内外の金利差に要因があります。日本のほぼゼロ金利では、海外に投資するほうが収益を生み、資金が海外に流出、つまり円売り海外通貨買いになって、円安となります。なお、ニュースでは円ドルレートが主で、ユーロも報道される程度です。貿易関係では中国との関係が最大で、元レートも報道されてもおかしくはありません。この考え方の延長で、貿易額で加重平均した為替レートを実効為替レートといいます。この他物価の変動を考慮し、物価が同じになるような為替レートを実質為替レートといいます。現在（2025 年１月）の円安では、内外の物価差が話題になっています。現実の為替レートは長期的には物価が同じになる実質為替レートに近づくといわれていて、将来１ドル 100 円でも異常ではありません。通常の政策をして金利が普通に数％ある世界ですと、このようなレートは自然といえます。

8.2 食の貿易原理と直接投資

8.2.1　食貿易の原理

貿易一般の原理は比較優位といわれるものです。この優位はコストに基づくものです。コスト要因は２つあります。１つは労働生産性です。労働生産性が増すと、効率的になり労働者１人当たりの生産量が増えますので、労働コストは下がります。１日 100 個を 100 人で生産なら１個では１人が、100 個を 50 人なら生産性は２倍で、１個は 0.5 人で生産できますので、１個当たりの労働コストは 1/2 になります。

もう１つは賃金です。「100 個を 100 人、１人＝１個」生産する国をＡ国とし、Ｂ国は「100 個を 50 人、0.5 人＝１個」する国とします。賃金がＢ

国はA国の4倍（B＝4万円、A＝1万円）とすると、A国の1個当たりの労働コストは、1人×1万円／人＝1万円、B国は、0.5人×4万円／人＝2万円、となって労働コストは、労働生産性の高いB国が上回ります。つまり労働生産性が高いことは、必ずしも労働コストが低いことにはなりません。

この賃金も含め労働コストを比較生産費ということもあります。コストには労働コスト以外に、設備、部品、食材費、物流コストがあります。ただし、グローバルな時代、人以外は世界で移動できますので、世界各国から調達が可能です。つまり埋められないのは労働コストだけになって、その差がコスト差になり、低労働コストの国が比較優位となって輸出できます。比較優位はこのような労働コストが低いことを指します。

留意点としては、労働生産性が高ければ、海外に対して必ずしも優位にはならないことです。先進国ではどの産業も発展途上国よりも労働生産性は高いものの、賃金が高いため、比較優位をもつにはより高い労働生産性が必要です。アメリカの農業は、アメリカの高賃金にもかかわらず輸出できているのは、第5章で説明した、圧倒的な生産性がその要因にあります。一方タイはお米の輸出大国として知られています。こちらはアメリカほどの生産性は高くはないものの、賃金が安いことが要因として考えられます。

さらに、外国との競争は国内競争でもあることです。国内において、平均で労働生産性が2倍になって、賃金も2倍になったとします。しかしある産業は労働生産性がそのままであれば、2倍の賃金を払えず、撤退します。つまり国全体の平均の労働生産性の上昇に合わせることができず、遅れるとこのようなことが発生します。ただし国内で必ず必要で海外から輸入できないのであれば、値上げをして存続できます。一部のサービス業や農業保護の対象はその側面があります。

この他何を輸出するかに関しては、要素賦存理論といって、たとえば生産要素である耕地が比較的多いと、耕地を多く使用する小麦やお米を、人口つまり需要に対し多く生産して、余ったものを海外に輸出します。森林（木材の生産要素）が多くあると木材、酪農地が多くあると、乳製品を輸出します。ポイントは人口に比べてです。中国の小麦生産はかなり多いですが人口も多く少し輸入しています。デンマークやニュージーランドは、国が小さく酪農は中国よりも生産量ははるかに少ないものの、酪農の輸出国なのは、人口（需要）に比べて、生産量が多いからです。つまり「輸出＝生産量－需要量」だからです。

貿易によるメリットは、海外よりも高いコストの国内の財サービスが、輸入によって安い海外産に置き換わることです。服には「made in・・」とかあって、中国製、バングデシュ製など、結構安く手に入ります。この他国際競争にさらされることで市場がシビアになりより活性化します。逆にライバルの出現で、倒産する企業が現れて、企業倒産を心配することがあります。これはデメリットになります。経済成長との関係では、自由貿易は通常プラス要因となり、デメリットよりメリットが上回ります。この自由貿易による競争原理によって、低生産性企業が撤退し、新陳代謝が進みます。さらに企業内でより比較優位な部門にシフトする効果もあります。労働者のスムーズな移動や失業者の再訓練による再雇用やスキルアップが、社会が新陳代謝を受け入れることにつながります。

鉄道でいえば、ターミナルの駅があってそこから乗り換えていたのを、相互直通させることの是非と似ています。乗り換えがあるとターミナル駅で買い物や飲食店の需要があるものの、相互直通させると客が来なくなるので、相互直通に反対することがあります。自由貿易の発想からは、相互直通させて、競争力のない企業が撤退し、客に逃げられないように、質を高めて街を魅力的にすることが、全体としてはプラスになります。

この他のデメリットとしては、カントリーリスクがあります。最近のホタテなどの海産物の中国の輸入禁止措置は、青森県などのホタテ産地を直撃して、代替の輸出国を探しています。福島原発の処理水排出が理由ですが、科学的根拠はありません。中国はこの他、レアアースの輸出制限、スパイ容疑で日本人社員の逮捕など、政治リスクの高い国です。これは中国自ら自分の首を絞め、海外からの直接投資やビジネスを抑制し、経済成長の低下につながります。

8.2.2 食の国際分業の進化

すべての財サービスの品質やデザイン、味は厳密には同じではありません。お米や肉でも多くの種類があります。牛肉でも和牛とオーストラリア産で違いがあります。似ていない場合、多様性の選好に見合うとき、あるいは差別化されていれば、価格が同じでも品質やデザイン、味が異なれば、価格が安いだけで需要されることはなくなります。ただし、競争に価格以外の要素が入ってきても、価格差があればあるほど需要されません。似たような財同士ほどその競争は価格競争になり、コストが安い方が優位になります。似ていない場合は、品質差に見合った価格差があるかがポイントです。

牛肉は日本では輸入品なので輸出できないということはありません。実際日本の和牛は海外とは品質が異なり、高くても輸出は可能で、国内生産のうち10％以上は輸出になっています。なお、日本のお米は輸出していますがわずか2万t程度で、生産量が700万tであることを考えるとほんのわずかです。

さて製造業に関して、最近の分業体制は、物流コストの低下などを背景に細かくなっています。飛行機は典型で、最終の組み立てや設計はボーイングならシアトルで行われますが、その部品（エンジン、胴体、尾翼）は日本を含む多くの国から調達しています。それぞれの部品の比較優位な国からの調達です。iPhoneは、「made in China」ではなく「designed by apple in California」と刻まれていることがあります。つまり、日本を含む世界各国から部品を調達し、最終の組み立て自体は中国です。その意味では「made in China」ですが、デザインや設計を含むマネジメントはアメリカのカリフォルニア州で行っていて、「designed …」の表現の方が実態に合っています。

このほか海外進出では現地での売り方も重要で、いくら美味しいものを作っていても売れないのはよくあることです。これは味覚の相違だけでなく、既に存在している市場では、「sushi」へのイメージが出来上がっていることがあります。それに合った商品にするのか、全く異なるコンセプトにするのかの選択問題はあります。それから飲食店つまり業務用への販売か、消費者への販売かで、その売り方は異なります。さらには販売代理店にどの業者を選ぶかにも依存します。自動車であれば、販売店のディーラーの質によって車が売れるか否かは左右されます。食関連でもそうで、どの商品を、場所、ターゲット層、ネーミング、価格設定などのマーケティングつまり販売戦略を間違うと売れなくなります。

さて食特有の現象は、その国ごとの選好あるいは食文化が異なることです。調理との関係では、加工していない食材、つまり原材料ほど、なんとでも加工できるので、どこの国でも受け入れられやすい傾向があります。それぞれの国の方法で加工され、さらに調味料による味がついてくると、食文化が入ってきます。それからさまざまな食材の組み合わせ、つまり食べ合わせ、飲み合わせに

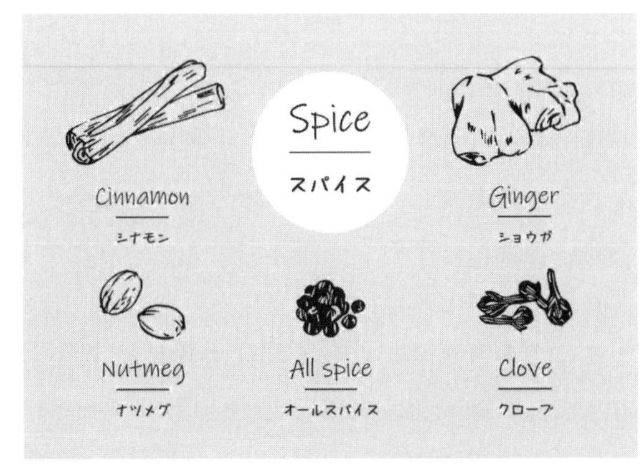

スパイス・調味料、これらは各国の食文化を特徴づけます。
出典：photo AC

よって口の中で味が変わります。これも無数にあって、いくら高級ワインでも、食べ物との組み合わせを間違うと活かせません。なお調味料でも一般的な塩は、貿易されやすいものの、カツオだしや中国の八角になると違ってきます。

遺伝子レベルの先天的なことに加え、後天的な子供時代の食によって、それぞれの食習慣が形成され、そのため海外の食材の評価はさまざまです。そして外国食文化受容の程度は異なり、日本は比較的その程度は高く、インドネシアは受容しない国であるという研究があります。食材と調理が結びついていますので、食材だけを売り込んでも厳しい面があります。

8.2.3　食と直接投資

最近の分業で、欠かせないのは、海外直接投資です。海外に現地工場や販売営業所、あるいは開発拠点を設けることを直接投資といいます。たとえば、獺祭は日本酒で世界的に有名ですが、最近はニューヨーク州に自社の酒蔵を建設して、そこで現地向けの日本酒を製造しています。酒米は近い将来現地の山田錦を使用する予定です（2024年12月現在）。既に日本に逆輸入されています。この他大手の食品メーカーには、海外売上比率が50％を超えている会社もあります。海外進出している企業ほど、生産性が高いという研究があります。海外はリスクが高くそのリスクに耐えられる企業体力を有し、新規の国への進出には能力と覇気が必要です、生産性が高い企業にはそのような体力と人材が存在することが考えられます。

食品の場合は現地に研究開発拠点を設けて現地対応の食品を販売していることもあります。たとえば日清食品の出前一丁は、香港で1980年代からすでに現地で生産して、40種類もの出前一丁があり、即席麺のシェアは香港ではNO.1です。食は現地の食文化と深く結びついているため、そのまま輸出しても受け入れられず、現地対応の商品が必要です。日本コカ・コーラはアメリカコカ・コーラの現地（日本）法人で、直接投資になります。現地対応する場合と、世界統一戦略の２種類があります。アップルは世界で同じ商品を販売していますので、統一戦略になります。このほうが国ごとの開発費用や広告が不必要になり、費用は下がります。しかし食品の特性から、日本人はコカ・コーラをアメリカ人ほど飲みませんので、商品を現地対応する必要があります。そして今や日本コカ・コーラは、外資であることを日本人が意識せず、日本茶など日本人向けの商品を開発し日本に溶け込んでいます

さて最近の日本の労働生産性が諸外国より伸びていないのは知られています。その要因の１つとして、海外からの日本への直接投資である対内直接投資が極端に少ないことがいわれています。海外直接投資は、日本からは盛んで、食品関係ではサントリーや味の素は海外事業が売り上げの半分を超えていて、海外での営業拠点や製造が、企業の対外直接投資になります。自動車産業は海外売上比率が８割を超えている企業もあり、海外販売や生産が多いです。直接投資の受け入れは、受け入れ国での雇用だけでなく技術の移転、市場の活性化に寄与し、経済成長にプラスの効果をもたらします。

ところが、日本の対内直接投資の投資残高のGDP比率は、UNCTAD（国連貿易開発会議）の調査ではOECDでは最下位になっています。しかも少ない対内投資のうち、会社や事業部門の買収などのＭ＆Ａの割合が他の先進国と比べて低くなっています。途上国では多くの産業が未発達で新規部門の投資（グリーンフィールド投資）が、どうしても多くなります。先進国は通常Ｍ＆Ａ比率が高く、日本は特異な状況です。島国でよそ者を嫌い海外の経営者を信用していない可能性があります。あるいは日本の社会は企業の買収に慣れていないこともあります。なお、最近、対内投資は増えてきてはいるものの、これまでが低かったことから、まだまだ下位にあります。また、輸出や対外投資できる企業は、そうでない企業よりも生

産性が高くなっています。海外進出には予期せぬことが多く、リスクが高くなりがちです。生産性が高い企業には、それを乗り越えることができるだけの企業体力と人材が存在します。

8.2.4 日本の保護貿易、WTO、TPP

まずは日本のお米について戦後の歴史を振り返ります。戦争中は配給制度がとられ、また一部は軍が徴集し戦場へ送られ、政府が厳格に管理していました。戦後も管理制度は維持され、政府が固定価格で買い取っていました。その後流通は自由化され、形式的に配給制度がなくなったのは、1982年（昭和57年）です。一方お米の生産管理は、お米の需要が減少し始めて、供給過剰になると、減反政策という生産制限政策がとられました。さらに農家への対策で、転作奨励金といって、お米以外の作物を栽培すると補助金がでて、今も存在します。

政府の農家対策と、消費者対策の両方のために、買い取り価格は高め、売り渡し価格は低めにして、結果多くの財政支出が必要となりました。1995年には食糧法によって、政府は買い取りの目的を備蓄とし、高額の買い取りを止めました。2018年には減反政策も廃止となりました。

さて一方、海外からのお米の輸入に関してはガットウルグアイラウンド協定（WTO、世界貿易機関、1995年）の取り決めによるミニマム・アクセス米約77万tを毎年輸入しています。日本のお米は約717万t（令和5年）が生産されていて、その10％以上を超える輸入量です。消費者が輸入米を見ないのは、加工用、援助米、飼料用が主な用途のためです[4]。

WTOは自由貿易の推進と世界の貿易ルールを決める機関です。加盟国はこのルールに従う義務があります。一方でこの機関は国際間の紛争を審議する一種の裁判機能があります。裁定でWTO違反となるのは、国際政治的にはダメージはあります。たとえば、2010年に、中国はレアメタル輸出規制を実施しました。尖閣の領土問題で、日本の自動車や半導体に不可欠なレアメタルの輸出を制限して、日本に圧力をかけたのは間違いなく、そのような政治的な理由はもちろん WTO に反します。実際アメリカ、日本、EU が WTO に提訴して、中国が敗訴しました。なお、中国は輸出規制措置をきちんと履行期間内に撤廃しています。日本は規制後代替国を探し、さらに代替財の開発で対応し大きな混乱はなかったようです。結果中国はレアメタルの輸出減少や価格低下に見舞われただけでなく、政治・経済的に中国の国際的な信頼が低下したことが考えられます[5]。

日本のミニマム・アクセス米輸入は、WTO やその加盟諸国との協議の中で生まれた政治的決着です。この他 WTO では食の安全や動植物の貿易検疫に関する SPS 協定があります。WTO の考え方として、加盟国相互間での公正な貿易と貿易秩序を担保することがあります。食だけでなく、この他、著作権や特許などに関するルール作りなど広範に渡っています。ただ単に、国内産業を保護するために輸入関税を課したり、政治的な理由で輸出制限することは、許されていません。

さてお米以外で牛肉は同じウルグアイラウンド交渉で、50％の輸入関税を 2000 年から 38.5％[6] まで引き下げることを合意しています。さらには TPP（環太平洋パートナーシップ）協定交渉において、加盟国間の合意で、日本は牛肉関税率の段階的引き下げを約束しています[7]。TPP は関税の減少などの財・サービス貿易の自由化以外に、WTO より進化した形で、投資、競争、知的財産、政府調達、環境、労働などのルールを含む広範な協定です。日本全体で大きな利益があると推計されています。WTO は世界全体で協議しますので、膨大な労力がかかり合意が難しくなってきています。このため今は地域自由貿易協定が結ばれ、TPP もその１つです。ディズニーランドや iPhone に似た名称で、どこかの国の企業が商売をされても困ります。海外からの投資に対しても多くの不必要で差別的な規制が掛けられていて、その撤廃も協定に含まれます。TPP は「共通化されたルールの下で安心して投資や事業展開を行うことが可能となるとともに・・

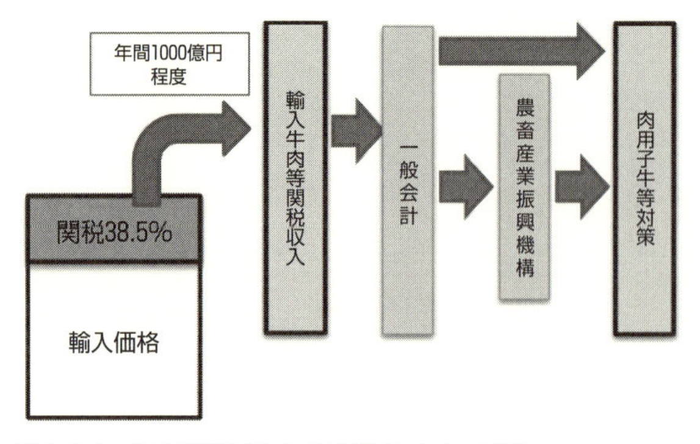

図 8.2.1　牛肉関税収入との支出のイメージ図
出典：農林水産省牛肉より転載

中略・・我が国を含めた域内全体の生産性向上を目指す」ものです[8]。

さて、現在関税収入は肉用子牛等対策として畜産農家や牛肉生産や流通合理化対策などに使われています。消費者としては関税が上乗せされた高い輸入牛肉を購入しています。関税収入は一般財源ならその分税金が安くなるか、公共サービスの充実になって、還元されます。しかしこの関税収入は畜産振興として畜産農家の収入や諸事業への補助になっています。結局牛肉への関税は消費者から畜産農家へのある種の所得移転です[9]。図 8.2.1 はこのイメージ図です。1000 億円高くなっていますので、国民 1 人当たり 800 円程度の負担です。この負担の正当化は、牛肉など畜産の農家振興による自給率の向上・維持あるいは伝統的な日本の和牛の生き残りなどになります。ただし関税をゼロにすると、800 円の負担は減るものの、国内畜産農家の減少によって、国産の肉価格が上昇するでしょう。

この他小麦、豚肉などは保護の方法は異なりますが、似たような枠組みです。小麦の自給率は 16 %程度です。政府が一括して輸入して小麦製粉業者に引き渡します。輸入価格とそれよりも高い引き渡し価格の差を原資として、国内の小麦農家に補助金として渡されています。この補助金があることで、16 %の自給率が維持されているといえます。

8.3 国際間の食の均質化と多様性および地産地消の視点

この節では国際間の食の均質、つまり国際間で食が似たようなことになって、食の多様性が失われることを考えます[10]。貿易の進展は世界各地で、相互に各国の食べ物や食材を食することが可能になってきています。日本料理が世界に広まっていくことを歓迎するのは、逆にいえば、日本食の海外進（侵）出の側面があります。一方日本ではお米の消費量が減り、肉の消費量が増えて短期間で人々の食する内容は変化しています。和食が今後どうなるか心配する人もいます。これと関連して地産地消は地元の食材を活かした地元料理の重視になりますが、地産地消がいわれる背景には日本全国の食の均質、地域ごとの食の特徴が失われているところからきています。グローバル化は地産地消と逆の流れになります。

8.3.1　グローバル化における食生産・消費の均質化

生産の均質化も進んでいます。生産については、生産技術の伝播により、スキルと各種の条件が合えばあればどこでも生産が可能で、この結果生産の均質も消費ほどではないにせよ進んでいます。獺祭のアメリカでの生産はその例になります。農産物は気候や土壌が関連して限界がありました。乾燥した地中海式気候が適したブドウは、日本のような湿潤な気候では困難でしたが、品種改良や栽培技術、醸造技術の向上に伴い、日本産のワインも出てきています。日本のウイスキー製造や、和歌山の梅の中国での栽培もそうです。

食サービスや小売りにおいては、グローバル企業のフランチャイズ方式による効率的な食サービスの提供は、ある程度現地化しているとはいえ、消費の均質化をもたらします。食文化が形成されていない発展途上国の国々では、このような企業が席巻することがあります。食の消費の均質については、国際間で均質化が進むか、変化せず伝統が維持されるか、その

ドイツ黒ビール
出典：pxabay

折衷かのいずれかになります。フランスとドイツの比較では、以前は前者がワイン、後者はビールがよく飲まれていましたが、時代とともにフランスではビールがドイツではワインがより飲まれていることがわかってきています。この研究からは独仏という近い国のお酒では、均質化が進んでいることを示唆しています。さらにワイン消費と緯度との関係が2000年以後では薄れてきています。緯度によってワイン用のブドウの生産量が決まり、それと対応して消費が決まるというワインの地産地消、つまり気候・生産と消費の関係が消えつつあります。

次に東アジアの研究を紹介します[11]。ハンバーガー、ピザ、サンドイッチなどのいわゆる欧米食を食べる傾向は、各国とも似ていて、欧米の旧植民地であったフィリピンは特にその傾向が強くなっています。インドネシアは欧米食そして他のアジアのローカル食にも興味を示しておらず、また年代別の相違もなく、食の伝統は維持されています。キムチは、日本と台湾では若い年代ほど好まれ、韓国は逆の傾向があります。一方寿司は好きだと答える比率は3ヶ国とも年代とともに上昇し、この3ヶ国ではキムチと寿司は、韓国と日本の国民食から3ヶ国共通の地域食となりつつあります。

均質化するかどうかに関し、世代間あるいは親子間で食が伝承されるか否かはポイントです。農林水産省の食育に関する意識調査報告書（平成29年）では、「郷土料理や伝統料理など、地域や家庭で受け継がれてきた料理や味、食べ方・作法を『受け継いでいる』と答えた人の割合は60.0％で、『受け継いでいない』と答えた人の割合は36.1％です。6割が受け継ぐとすれば、孫の世代には、0.6×0.6＝36％と低くなり、長期的には受け継がれなくなります。いくつかの研究から、日本だけでなく、多数の国々では、さまざまな国や地域の食を知った人々が、元の伝統的な食に戻ることはなさそうで、不可逆的な食行動といえます。現段階では、地域や国で食に大きな相違があるとはいえ、長期的には均質化への動きは無視できないといえます。

8.3.2　文化多様性の必要性

一定の均質化への動きを前提に、多様性あるいは文化多様性がなぜ必要かを、経済学のアプローチから整理します。Love-of-Variety（多様性への好み）の概念は、貿易や海外旅行によって多様な財やサービスを消費でき、そのことが効用を増大させることを表しています。

輸入財は自国以外の多くの商品を消費できることから、多様な財の消費は、自分の理想とする財により近づく財を選べることで、同じ品質と価格であっても効用水準は増すことになります。あるいはLove-of-Varietyは新奇性によって、これまでとは違ったデザインや味に惹きつけられことも要因です。実際アメリカの輸入財の種類は、1972年～2001年にかけて、3倍以上増加し、輸入財における多様性の増加によって、GDPの2.6％増加に相当したという研究があります[12]。

多様性（ダイバーシティ）の概念は労働者にも適用されています。日本では近年女性労働比率を上げることがダイバーシティのように思われていますが、男女比はその一部にすぎません。男女以外に、出身国、国籍、年齢、人種などがあります。多様な人材は、創造性に必要なさまざまな見方やアイデアを涵養し、イノベーションを促進させます。また多様性を活用するために、国際的には多くの企業が多様性の人材採用プログラムを持っています。労働の多様性と生産性の関係のある研究では、労働者の民族多様性は企業の生産性にはマイナス、教育の多様性はプラス、性と年齢をミックスした多様性は不明でした[13]。

さて、ユネスコの文化多様性条約は2007年に発効しました。2024年には、批准国は155カ国に達しています。文化多様性条約第3条にあるように、文化的多様性は、「すべての人に開かれている選択肢の幅を広げるものである。文化的多様性は、単に経済成長という観点からだけ理解すべきではなく、より充実した知的・感情的・道徳的・精神的生活を達成するための手段として理解すべき、発展のための基本要素の1つである」とされています。

この条約の背景には、グローバル化に伴って、相互に人や情報が行き来することで、より優越的な文化が広がり、劣位の文化が衰弱してしまい、結局優勢のある文化（たとえばアメリカ文化）に均質化し、各国独自の文化が失われるという多様性喪失の懸念があります。アメリカは、WTOの自由貿易ルールと文化多様性は矛盾するとして条約に批准せず、また日本は批准をしていない少数の国の1つです。条約の採択に最も熱心に動いた国はカナダです。カナダは強大な世界の文化帝国といえるアメリカと長い国境線で接し言語も同一のため、その文化独自性を維持することに昔から苦心しています。テレビや映画は文化であり保護すべき対象で、WTOの例外措置を求めるカナダに対し、条約は自由貿易あるいはWTOの内外無差別の原則に反するというのがアメリカの主張でした。ハリウッド映画やテレビ番組などを全世界に輸出することにより、アメリカ的生活様式や価値観も輸出しているという批判と整合します。「マクドナルド化する社会」という本が、そのことを指摘しています。なお、国際ビジネスにおいて、多国籍企業では、日本は比較的現地適合の傾向があって、アメリカ企業はそうでもないという研究があります。

文化多様性と関連する具体的な財サービスは、文化遺産、印刷物、音楽と実演芸術、視覚芸術・絵画・影像、写真・映画・ビデオゲームです。条約批准国のほうがこのような国際取引が活発になっているという研究があります[14]。この条約が各国の文化に関わる活動を活性化させ、そのことが国際的に見ても魅力ある独自の財サービスの進展、そして国際間取引につながっている可能性があります。

すでに述べたカナダは先進国ですが、発展途上国ではその必要がより大きくなります。自国独自の文化や食文化が発展していない場合は、外国の食文化に侵食される可能性があって、保護の必要性はあります。文化均質性との関係では、経済発展の裏側で、独自文化が失われるとすれば、世界的に見てもその損失は大きいです。なお、文化と経済発展の関係では、経済成長の要因には、従来からの各種インフラ、教育、法律、知的財産権の整備などに加えて、世代から世代へ変わらず長期間受け継ぐ信念や価値観は重要な役割を形成し、それらは長期的な経済的繁栄の重要な前提条件となることを示している研究は多いです。この価値観には消費、仕事、自律性への態度、道徳性、忠誠心、家族や親族以外の人々への利他的な心があります[15]。

多くのアフリカ諸国では伝統的な食が外国の食に置き換えられつつあります。それだけではなく、このことは将来の観光資源としての食産業を消滅させてしまい、経済発展を阻むと同時に、先進国にとっても食や観光の多様性を失って、不利益となります。さらに各民族のアイデンティティを構成する食の部分を失い、民族としての誇りを失いかねず、その国独自の文化を持たないことが長期的には問題となります。

8.3.3　食習慣・食文化としての食

人々は同じような脳、骨、内臓などの体を持ちながら、地域や国で、食が異なり、食文化が違うのはなぜでしょうか。その要因は、地域の動植物・気候、先天的な遺伝子と、後天的な家族や社会の要素、などに分かれます。経済学では、最適な消費は分析の俎上に上がるものの、その前提となる選好自体が最適か否かあるいはその選好形成や過程は、十分研究されているとはいえません。

その地域の動植物・気候と食の選好は関係します。厳しい氷雪地帯に暮らしてきたイヌイットは、野菜は採れないので、オットセイやセイウチの新鮮な生肉や内臓を食べて、ビタミンやミネラルを補給していました。日本の生食文化は、暑くないことと海が近いことが１つの要因であることは容易にわかります。近年は冷蔵庫や保冷技術、海外からも輸送できることから、天候やその地での生産制約が薄れ、いわば地産地消が消える方向です。それでも気候の食への影響は、今後も存在します。食品スーパーなどでは、温度、湿度、雨、風、日照などから各食品の需要予測をしています。特に事前の正確な予想は、商品確保を通じて売り上げ増になります。

先天的な遺伝子と食の選好の関係としてよく知られていることは、モンゴロイド系がお酒に弱いのは、アセトアルデヒドを分解する酵素が少ない人が多いのが要因で、その酵素はALDH2型の活性遺伝子の型に依存していることです[16]。また女性がお酒に弱いのは女性ホルモンが作用しています。ただしこれらは平均で個人差があります。最近は遺伝子解析の進化で、個人ごとの遺伝子を分析し、先天的な特質を把握することで、「個人差」の要因を分析することが進んできています。お酒ですと、全く飲めない人は日本人では４％、飲めなくはないが弱い人は40％います。これは遺伝子解析をしなくてもだいたいわかりますが、薬や健康補助食品を飲んでも、効く人とそうでないという個人差がありますので、そのことが事前にわかると、治療や栄養改善は進みやすくなります[17]。

この他、外向的か内向的か、ストレス耐性が強いか、新しい経験に対してオープンか、リスクを好むか、パクチーやブロッコリーが好きか、肥満になりやすい、などの要因を遺伝子で説明できます。遺伝子の民族的な相違が食の選好に影響を与え、国際間の食文化と関連していることは明らかで、今後この分野の研究が進むと多くのことがわかってくるでしょう。

さて次に、後天的な食の消費における中毒性財あるいは習慣形成財としての面を取り上げます。中毒性を持つ財は、その消費の累積経験が増えるほどより強固に選好する性質をもち、同じ消費でも過去の累積した消費があると、効用は増すといわれています[18]。「食べ慣れた食品」のほうが良いというのは、このことです。この仮説が正しければ、嫌いなものでも食べ続けると、好きになっていく可能性があり、さらになぜその国や地域特有の食文化が生まれるかを説明しやすくなります。食消費の習慣形成について、多くの研究は食における習慣形成が存在し、幼少期が重要であるとしています。

なお、幼児期は、生命維持のために味に敏感で、腐ることと関係して酸味や苦みが苦手です。しかし大人になるにつれて、コーヒーやビールが飲めなかったのが、徐々に飲めるようになってきて選好も変化します。これには、大人が美味しそうに飲んでいるということや、何回も食していると慣れてくることも影響するといわれています。

朝食からの規則正しい食習慣は、食事の多様性そして栄養バランス、健康につながり、幼少期の食育の重要性は否定できません[19]。さらに子供の頃の食も含めた規則正しい生活習慣と、大人の資質・能力との相関は低いながらあります。ここで気を付けたいのは、因果関係と相関関係の違いです。これは相関があっても、もともとから資質能力の高い子供は、自己管理能力や理解力があって、その結果規則正しい食などの生活習慣になっている可能性があります。さらにこの種の研究では相関係数から判断していて、因果関係を考慮せず、しかもその係数が、通常、相関はないと解釈できるほど小さいことがあります[20]。

この食習慣はグローバル化と文化的アイデンティティの問題とも関係します。文化的アイデンティティは、梶谷(2004)[21]では「国や地域、宗教や民族などと結びついた伝統や慣習によって支えられた、集団的なまとまりを持つ心性、およびそこへの帰属感」としています。人々は、生まれ育った社会の規範や価値観そして文化の中で生活し、無意識のうちに、大なり小なりそれに合わせたり従うことで、集団の一員として認められストレスなく暮らしています。何を食べて何を食べないかは、親、地域、学校の影響は大きく、その果たす役割は大事です。つまり世代間で国や地域で何を受け継ぎ受け継がないかを意識し、議論の対象とするだけでも十分かもしれません。

8.3.4　日本食と日本食材の世界展開の可能性

これまでの知識を基に、日本食と日本食材の世界展開について考えてみましょう。その前にまず、必ずしも日本食・日本食材＝日本産、ではないということに留意しましょう。梅干しはかつて和歌山県産が有名でしたが、価格が高騰し中国産の安価な梅干しが多くなっています。日本産の梅の種を用い、生産・加工の技術指導もしているといわれています。これは生産のグローバル化の例です。

出典：Photo AC

さて何をどこへ輸出するかに関し、食には海外の食文化の壁があります。まず「何を」に関し、穀物などの食材は、それほど影響を受けませんので、さまざまな種類があるとはいえ、素材であれば進出は可能です。ところが日本の場合は規模の経済などの要因で、価格競争では負けることが多く、結局価格差を克服できるだけの品質差があるかになります。味付けをする調味料は難しいように見えますが、塩など、食文化と直接関係がないほど、多くの国や地域への輸出が可能になります。ある程度の大手になると、日本での商品をベースに進出先で現地に適合する商品開発をして、さらには現地生産も可能です。それから飲料のうち、お酒は、飲み方、容器、酒類を現地に適合し、現地料理との食べ合わせをうまく提案できれば、輸出増は可能でしょう。たとえば和食と合うワインの組み合わせが知られていて[22]、それと逆に日本酒や焼酎と合う料理を提案できます。

次に「どこへ」は、東アジアは遺伝子が近く、世界の中では比較的食文化は似ているといわれています。このため中国、日本、韓国相互の食の貿易や直接投資による飲食店の進出が進んでいます。その他の地域では東南アジアが比較的近いです。それ以外では、日本人駐在員が集まっているところに、日本と似たような味で進出し、客が日本人だけであったのを、徐々に現地の人も食するように広げることです。日本食レストラン向けのさまざまな日本食材を輸出し、現地の人が、外食から家庭料理でも食するようになると、業務用から個人向けの小売店に売り始めるようになって、需要はさらに広がります。

海外の日本食レストランの数は、2023年で約18.7万軒あり、2年間で2割増加しています（図8.3.1）。この図から、アジアは最も多くなっています。ただアジアでもインドやその周辺は少ないです。ただし日本食レストランといっても、日本人が経営しているのは10％にも届かず、内容は千差万別で、認証システムもないので、日本本来の味や様式になると、かなり少ないと考えられます。本国の料理が海外で変容し一部の料理のみが

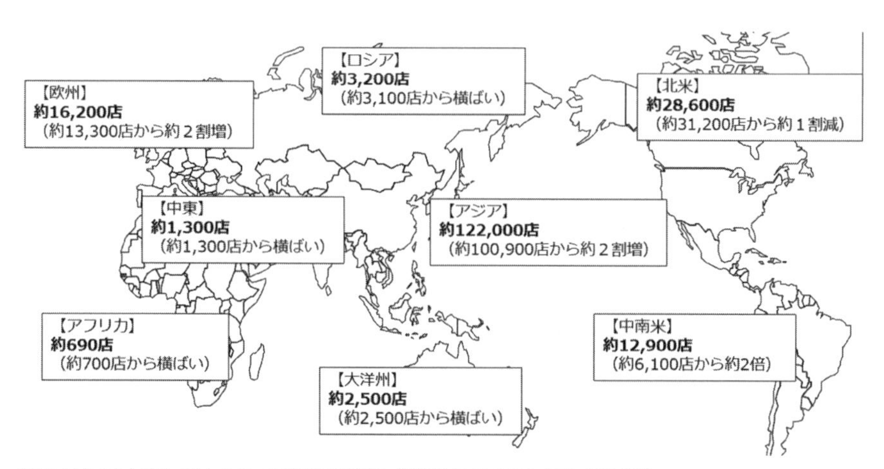

図8.3.1 日本食レストランの海外の概数（2023年の2021年との比較）
出典：農林水産省海外における日本食レストラン数の調査結果（令和５年）の公表について

Set C – Inside Out Maki Roll Platter

72 pcs / suitable for 3 to 5 people

Tuna salad cucumber inside out roll x 12 pcs
Teriyaki chicken cucumber inside out roll x 12 pcs
Lobster salad avocado inside out roll x 12 pcs
Prawn avocado inside out roll x 12 pcs
Fresh salmon mini roll x 24 pcs

93g	28.2g	584.3g	12566kJ
Protein	Total Fat	Carbohydrate	Energy

出典：Australia、SUSHI HUB order Online より

食されていることはよくあることです。実際日本のナポリタンやドリアはイタリアにはありませんし、杏仁豆腐は中国や台湾では、日本ほどは食べられていません。

上の写真はオーストラリア寿司店のネット予約のセットメニューです。現地では昔から sushi roll が多いです。筆者がかつてオーストラリアで食べた sushi roll の食感は日本との違いはありませんでしたが、日本ではない寿司でした。またタンパク質、脂肪、炭水化物、カロリー量(2596kcal) [23] が記載されています。

さてこの他マーケティング戦略も重要です。日本食は健康によいだけでなく、たとえば、「個人によってリスクは異なるものの、うまみ成分の調味料を用いると塩分を減らせる。寿司は魚が多く、魚の脂肪は天然の不飽和脂肪分で、肉の飽和脂肪とは異なり健康によい。」などを、科学的にデータを用いてアピールすると違ってきます。

はじめに指摘しましたように、「日本食の展開＝日本からの輸出」ではないので、これがすぐ日本経済の利益となるわけではありません。ただこの普及は日本食文化や日本への評価につながり、日本人としてのアイデンティティを高めるのは、間違いないでしょう。同時に世界で受け入れられるということは、日本人が世界の料理を日本風にアレンジしているのと同様に、各国それぞれの形で発展するものと予想します。海外で「sushi」を食べて、日本の「寿司」との違いに戸惑うことはあります。しかしこれは違うので改めるべきだと思うか、異文化尊重とするのかは、難しい問題です。

注

1　国税庁：最近の日本産酒類の輸出について(2022年)、輸出先は中国が最も多くなっています。
2　農畜産振興機構：野菜の輸入動向（令和４年）
3　正確には、経常収支－金融収支＋外貨準備の増減＋誤差脱漏＝０です。定義上金融収支にはマイナスを付けます。
4　農林水産省：ミニマム・アクセス米に関する報告書
5　中国は2023年に同様なレアメタルの輸出規制を実施しています。
6　１万円で輸入すれば、13850円で国内業者に売り渡すことです。
7　TPP発効から16年目で関税率を９％にするものです。なおアメリカはTPPから離脱しています。
8　内閣府官房：TPP協定について
9　牛肉の関税収入は農畜産業振興機構にも入っていますので、牛農家とはせずに畜産農家としています。
10　この節は谷垣(2021)、グローバル化における食の収斂と多様性―食消費を含む文化多様性のための課題と展望―　立命館食科学研究 4、141－153. に基づいています。
11　園田茂人(2009)、食文化の変化に見る東アジアグローバル化―アジアバロメーターのデータのデータ分析から―、社会学評論、第60巻（3)、396－414.
12　Broda, C. and Weinstein, D. E. (2006), "Globalization and the Gains from Variety", Quarterly Journal of Economics 121 (2), 541－585
13　Parrotta, P., Pozzoli, D. and Pytlikova, M. (2014), "Labor Diversity and Firm Productivity" European Economic Review, 66, pp. 144－179
14　Jinji, N. and Tanaka, A. (2020), "How does UNESCO's Convention on

Cultural Diversity affect trade in cultural goods?", Journal of Cultural Economics 44, 625－660

15 しかし一方で、インドのカースト制度あるいは物質よりも精神的な探求を重視するヒンズー教のように、経済発展に悪影響を与えているといわれる文化もあります。

16 アセトアルデヒドは、アルコールを分解する途中でできる中間物質で、酵素によって最後は炭素ガスと水になります。

17 一方食べ物が遺伝子に影響を与えるという研究もあります。食品に含まれるビタミンやミネラルといった微量栄養素が特定の遺伝子を発現させ、それにより生じる遺伝子が体に影響を与えます。

18 中毒性は止めたくても止められない性質を持ち、麻薬やアルコール中毒も含まれます。

19 ただし個人差があり、その傾向があるという程度で、必ずそうなるとかいうものではありません。

20 詳しくは第1章1.3.4を参照してください。

21 梶谷真司（2004）、文化的アイデンティティとグローバリゼーション―社会現象学的考察―、帝京国際文化第17号、121－152.

22 林茂（2019）『和食に合わせるイタリアワイン』イカロス出版

23 1kcal = 4.184kJ

あとがき

筆者が所属する立命館大学食マネジメント学部が発足したのは、2018年です。それまでは同大学の経済学部に所属していました。この新学部発足にあたり、筆者は新学部の基本コンセプトやカリキュラム作成に参画していました。その前後から食を意識して研究もするようになり、学内で接する教員も、他分野の方が多くなり、いい意味で別世界に入った感がありました。特に大きかったのは経済学を広い視野から俯瞰でき、食文化やその歴史、認知や栄養と、経済学あるいはマネジメント分野との関係を、考えることができたことです。経済学ではなく食を学ぶため入学してきた学生相手に、どのように教えるかの過程や、食という具体的な切り口から、ビジネスで活躍されている方からのお話しは、経済学の見直しと再構築に役に立ちました。

また昨年度から田舎に拠点を構え、稲作も行っています。さらに食関連で起業して営業準備をしていました。これらのことは、農家や田舎、起業や食ビジネスから具体性をもって食を考えることに繋がりました。一方、食の選好が、気候、動植物、先天的な遺伝子と後天的な幼児期などの食習慣から由来していること、調理行動、食の安全と安心、などは食消費特有の性質で、通常の経済学にはないものです。経済学にはないこのような経験・研究・教育の蓄積を、経済学の体系に取り込んで、本書に反映しています。

本書が食の経済学のテキストレベルでは最初であるように、食の経済学分野は、まだまだ研究の蓄積が不足しています。食の経済学は、周辺領域を取り込むことは必須で、それだけにテキストや研究書には困難があるものの、食の多面性は魅力的で学習や研究のやりがいがあります。経済学には幸福の経済学もあります。食の消費や共食、調理、それに自然と接する農作業は、幸福度あるいはウエルビーイングを増加させる「コト消費や家族との良好な関係」と関連し、社会全体の幸福度の底上げに貢献できます。本書が、食経済の様々な誤解や思い込みを排除し、食社会の健全な発展と人々の「しあわせ」に寄与することができれば幸いです。

最後になりましたが、昭和堂の大石様には、詳細で貴重な数々のコメントを頂き、本書が一般の方にも読みやすくまた理解しやすいものとなったことに感謝申し上げます。

2025年1月　奥丹波の畑に囲まれた寓居にて

さくいん

あ行

赤字国債　80, 191, 202
アナウンスメント効果　89
アンカリング効果　161, 175
因果関係　3, 8, 9, 13, 72, 249
インフレ増税　205, 220
ウエルビーイング　38
エンゲル係数　8, 93, 97, 98, 102, 103
円安　21, 34, 41, 55, 72, 77, 85, 167, 191, 192, 203〜205, 209, 211, 215〜220, 226, 233
円安と交易条件　191
オイコノミア　2

か行

価格競争　45, 51, 236, 250
貨幣　59, 64
カントリーリスク　235
機会費用　97, 98, 178
起業　52, 113, 127, 132, 141, 155, 161〜165, 168〜170, 177, 183, 189
企業行動　5, 14, 124
希少性　1, 14〜16, 54, 118, 224
期待値　93, 109〜111, 177
規模の経済　25, 40, 42, 45, 47, 127, 135, 153, 154, 162, 222, 250
共感　6, 7
競争環境　25, 40, 50, 151
競争上優位　53
漁業資源管理　127, 146
金融市場　82, 85
金利　21, 34, 82〜85, 91, 110, 123, 165, 202〜204, 206, 217, 225, 233
Cool Head, and Warm Heart　22
経営学との違い　1
経済成長率　25, 203
経世済民　3
ゲーム論　147, 148
限界原理　93〜95, 97, 108, 114, 122, 167
限界効用　94〜97, 177
減価償却　36, 145, 161, 167
交換　7, 57, 58, 63〜65, 232, 233
公正取引委員会　81
高付加価値　127, 151, 153, 154, 182, 224
効用最大化　93, 96
コストベネフィット　11, 14, 93, 94, 114, 122, 167
固定費　40〜46, 108, 170, 171

さ行

サービス貿易　227, 241
財政赤字　7, 8, 16, 90, 191
差別化と異質財　25
産業別付加価値　29
産業連関表　27〜29
GDP 三面等価　25, 36
GDP デフレーター　32, 191〜193
システム 1　161, 172, 173
システム 2　161, 172〜174, 178
実質 GDP　25, 31〜34, 192
ジニ係数　191, 198, 199
支払い許容額　95, 107, 175
資本　25, 35, 47, 48, 196, 207〜209, 223, 224
自由財　14, 15
囚人のジレンマ　147, 148
需要の価格弾力性　73, 98, 99, 101
需要の所得弾力性　100〜102
消費者行動　5, 14, 21, 93, 123, 172
情報の非対称性　105, 106
情報不完全性　93
食習慣　93, 115, 116, 125, 176, 179, 211, 227, 238, 247, 249

食習慣と遺伝子　227
食生産・消費の均質化　227, 243
食料自給率　69, 127, 151, 152
正の外部性　96
セグメンテーション　53
設備　11, 14, 18, 19, 25, 26, 40, 42, 44, 47〜49, 60, 63, 77, 82, 107, 108, 132〜134, 137, 145, 162, 165〜167, 170, 171, 196, 199, 202, 207, 209, 210, 219, 223, 234
選択アーキテクチャー　175
相関関係　8, 9, 249
損益分岐点　40〜42, 161, 165, 166

た行

WTO　227, 240, 241, 246
単収　127, 135〜137, 153, 156, 158, 159
地産地消　117, 227, 243, 244, 248
中間業者　65〜68, 161, 180〜182
中間投入　25, 27, 28, 69
調理行動　93, 191
直接投資　158, 227, 232, 233, 236, 238, 239, 251
積み立て方式　71, 72, 90, 205, 206, 225
投資　18, 35, 42, 44, 47, 49, 82〜85, 110, 114, 158, 165, 167, 170, 171, 199, 200, 202〜204, 207, 209, 210, 217, 223〜225, 227, 232, 233, 236, 238, 239, 241, 251
同質財　25, 50, 52, 75, 93, 106
独占禁止法　55, 81
土地生産性　127, 129, 135, 136, 153
トレードオフ　1, 15, 16, 118

な行

ナッジ　161, 178, 179, 190

は行

How　1, 17
バンドワゴン効果　89, 177, 179
B to C　69
B to B　69, 219
比較優位　60, 61, 227, 229, 233〜236
1人当たり GDP　25, 33, 130, 194
費用対効果　11, 167
フードシステム　13, 30, 57, 63, 65, 66, 68, 69
Whom　1, 17, 18
付加価値　19〜22, 25, 26, 28〜31, 33, 36, 37, 40, 47, 49, 50, 55, 78, 80, 127, 135, 151, 153, 154, 182, 191, 194, 196, 207, 220, 221, 223, 224
不確実性　84, 93, 109, 112〜114, 122, 177
賦課方式　71, 72, 205, 206, 225
フランチャイズ　161, 182〜184, 223, 243
ブランド　7, 18, 51, 82, 100, 107, 127, 176, 178, 184, 186, 209, 224, 238
プロスペクト理論　161, 176
文化多様性　227, 245, 246, 253
分業　2, 57〜61, 63, 65, 164, 184, 227, 236
平均費用　25, 42, 145
ベネフィット　11, 12, 22, 93〜95, 114, 122, 184
便益　7, 11, 22, 83, 94, 202
変動費　25, 40, 42, 45
貿易依存度　200
ポジショニング　25, 50, 52, 53, 172
What　1, 17

ま行

マクロ経済学　2, 7, 19〜21
マネジメント　1〜3, 5
ミクロ経済学　2, 19, 20
名目 GDP　25, 31〜36, 192
名目と実質　25, 31〜33, 191〜193, 219

や行・ら行

よい借金と悪い借金　82
ラベル認証　127, 150
リスク　12, 85, 93, 109〜114, 119〜125, 153, 157, 163, 164, 170, 171, 174, 176, 178, 183, 184, 187, 235, 236, 238, 240, 248, 252
リスクコミュニケーション　14, 112, 174, 188, 189
リスク認知　111, 112, 174
労働生産性　47, 49, 87, 129〜131, 135, 136, 153, 207, 221, 233, 234, 239
労働分配率　18, 191, 197, 198

著者紹介

谷垣和則（たにがき かずのり）

立命館大学食マネジメント学部教授

博士（経済学）、専門は国際経済学・食の経済学・平和の経済学

立命館大学経済学部を経て 2018 年より現職

「グローバル化における食の収斂と多様性―食消費を含む文化多様性のための課題と展望―」立命館食科学研究 4（2021）、『食生活のソーシャルイノベーション―2050 年の食をめぐる暮らし・地域・社会』（晃洋書房、共著、2020）、"Recycling and International Trade Theory", Review of Development Economics 11（2007）

丹波地方生まれ

大学と田舎の 2 拠点生活　稲作も

多趣味（将棋、演奏、ピッツア、コーヒー焙煎など）

シリーズ食を学ぶ

食の経済・ビジネス入門

2025 年 4 月 25 日　初版第 1 刷発行

著　者　谷垣　和則

発行者　杉田　啓三

〒 607-8494　京都市山科区日ノ岡堤谷町 3-1

発行所　株式会社　昭和堂

TEL（075）502-7500 / FAX（075）502-7501

ホームページ　http://www.showado-kyoto.jp

印刷　亜細亜印刷

ISBN978-4-8122-2413-7

乱丁・落丁はお取り替えいたします。

Printed in Japan